JN299388

巨大災害の
リスク・コミュニケーション

災害情報の新しいかたち

矢守克也

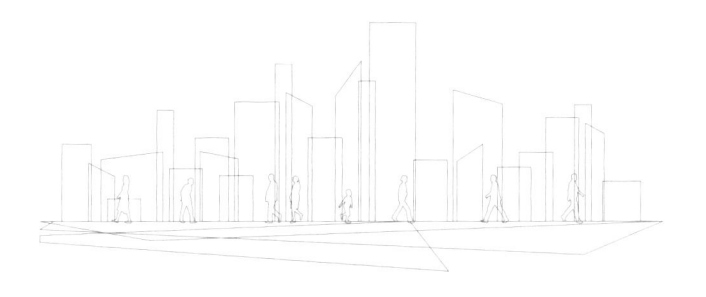

［著］

ミネルヴァ書房

目　次

序　章　災害リスク・コミュニケーションのパラドックス……1

　1　災害情報の逆説的効果……1
　2　本書のオーバービュー……3

第Ⅰ部　災害情報の理論

第1章　災害情報のダブル・バインド……11

　1　メタ・メッセージ……11
　2　ダブル・バインド……13
　3　災害情報をめぐるダブル・バインド……15
　4　「情報待ち」を再生産するダブル・バインド……16
　5　行政・専門家依存を再生産するダブル・バインド……20
　6　客観的な災害情報観を再生産するダブル・バインド……22
　7　おわりに──課題と挑戦……26

第2章　参加を促す災害情報……31
　　　　──マニュアル・マップ・正統的周辺参加

　1　マニュアルの光と陰……31
　2　防災マップ／ハザードマップの功罪……35
　3　災害情報のパラドックス……39
　4　正統的周辺参加──「参加」の理論……43

第3章 「安全・安心」と災害情報……59
　　　　　――「天災は安心した頃にやって来る」

1 「天災は忘れた頃にやって来る」？……59
2 「安全・安心」の大合唱……65
3 〈近代的な関係性〉の果て……69
4 新しい〈関係性〉の模索……74

第Ⅱ部　事例に見る災害情報

第4章 「津波てんでんこ」の4つの意味……81
　　　　　――重層的な災害情報

1 東日本大震災と「津波てんでんこ」……81
2 「てんでんこ」の成立史……83
3 第1の意味――自助原則の強調（「自分の命は自分で守る」）……84
4 第2の意味――他者避難の促進（「我がためのみにあらず」）……86
5 第3の意味――相互信頼の事前醸成……89
6 第4の意味……93
　　――生存者の自責感の低減（亡くなった人からのメッセージ）
7 総　括――矛盾や葛藤を含みこんだ情報（知恵）……97

第5章 「自然と社会」を分ける災害情報……103
　　　　　――神戸市都賀川災害

1 2008年都賀川災害……104
2 都賀川の現代史……106
　　――水害と河川改修／「都賀川を守ろう会」／阪神・淡路大震災

3　「自然」と「社会」の交絡……109
　　4　都賀川災害以後をどう見るか……112
　　5　今後の方向性……120
　　　　——「地域での体験継承」と「葛藤を伴ったリスク・コミュニケーション」
　　6　最近の動向……124

第6章　みんなで作る災害情報……129
　　　　——「満点計画学習プログラム」

　　1　「満点計画」(次世代型稠密地震観測研究)……130
　　2　「満点計画学習プログラム」……131
　　　　——満点計画を防災教育と結びつける
　　3　満点地震計を小学校に設置……133
　　4　「満点計画学習プログラム」の意義……136
　　5　阿武山観測所サイエンス・ミュージアム化構想……142

第Ⅲ部　災害情報の多様性

第7章　「あのとき」を伝える災害情報……149
　　　　——生活習慣・痕跡・モニュメント・博物館

　　1　「災害史」の困難……149
　　2　多様な「災害史」の分類……154
　　3　生活習慣（ライフスタイル）……158
　　4　痕跡・景観……161
　　5　モニュメント（慰霊碑）……166
　　6　博物館……167

第8章　小説と災害……173
　　　　――〈選択〉と〈宿命〉をめぐって

1　戸籍の〈選択〉――『砂の器』……173
2　選ばなかった心中――『東京・地震・たんぽぽ』……176
3　防　災――〈宿命〉を〈選択〉に変換すること……177
4　〈選択〉の不幸……178
5　〈選択〉と〈宿命〉の捩れた関係……180
6　予言の本質――『真昼のプリニウス』……183
7　災害に関する小説――簡単な読書案内……191

第9章　テレビの中の防災……197
　　　　――「一代の英雄」/「地上の星」/「ストイックな交歓者」

1　テレビの中の防災／社会の中の防災……197
2　「社会の中の防災」の３つの様相……199
3　「その時歴史が動いた」――「一代の英雄」の防災……201
4　「プロジェクトＸ」――「地上の星」の防災……205
5　「プロフェッショナル」――「ストイックな交歓者」の防災……212

あとがき
索　引

序　章
災害リスク・コミュニケーションのパラドックス

1　災害情報の逆説的効果

　大雨や台風に関する警報や注意報，避難指示や勧告，地震や津波の予測に関する情報（たとえば，南海トラフの巨大地震・津波に関する「想定」），あるいは，緊急地震速報，また，広く防災意識を高めることを目的とした各種の啓発情報，さらに，被災地で活用される復興や支援のための情報，そして少し角度を変えて，遠い昔に発生した災害を今に伝える痕跡や歴史資料……。私たちは，数多くの，また多種多様な災害情報を作りだし，それらを社会の中で伝え共有し活用してきた。そして，これらの災害情報は，絶大な防災・減災効果をもたらしてきた。このことは，災害情報が，現在の日本社会とは比較にならないほど未整備であった時代（たとえば，わずか半世紀前の日本社会）や，現在も災害情報があまり整備されていない社会と，現在の日本社会とを比較すればすぐにわかることである。

　しかし他方で，災害情報を作りだすこと，それを伝えること，またそれが広く行きわたることのマイナス面も，同時に存在する。災害を防ぐための，あるいは被害を軽減するためのハードウェア（たとえば，津波防潮堤や治水ダム）の機能に限界があるのと同様に，災害情報（防災・減災のためのソフトウェア）にも限界やマイナス面はある。たしかに，こうしたマイナス面は，災害情報の整備がその緒に就いたばかりの段階ではあまり目立たない。たとえば，それまでまったく未整備であった津波警報が，まがりなりにも発表されるようになった社会を考えてみればよい。マイナス面どころか，津波警報の整備によって，

それ以前とは比較にならないほど多くの人命が救われることだろう。

しかし，災害情報でも，その限界効用は逓減してくる。初期の圧倒的成功とは対照的に，災害情報が質量共に充実するにつれて，そのプラス面（効用）の進捗は頭打ちになる。そして，大いに注視すべきこととして，限界効用の逓減よりもさらに一歩進んで，かえってマイナス面までが顔をのぞかせ始める。たとえば，近年の日本社会で問題視されている「情報待ち」（避難に関する情報取得を待って，かえって避難が遅れる現象）や，「行政・専門家依存」（災害情報の扱いを含め，防災に関する活動を一般の人びとが行政機関や専門家に任せてしまう傾向）といった課題である。こうした課題に共通しているのは，災害情報が豊富に存在するがゆえに，また，それが充実してきたがゆえに，かえって災害情報によって解消しようとしていた当の問題（たとえば，早期の自主的な避難）の解決が遅れるというパラドックス（逆説）である。

筆者の理解では，現在の日本社会—少なくとも，阪神・淡路大震災や東日本大震災を経験した後の日本社会—は，災害情報に関して，すでにこのステージ，つまり，災害情報のプラス面だけでなくマイナス面が無視できないウェートを占めるステージに突入している。この点には，大方の賛同が得られるであろう。しかし，それにもかかわらず，災害情報に関する理論的思考や現実的施策の多くは，依然として，以下のような従来型の考えや前提に立脚しているように見える。たとえば，「災害情報は，それを作る人から利用する人へと伝達されるものだ」，「災害情報はあるに越したことはない」，「情報は多ければ多いほどよい」，「情報は正確であればあるほどよい」，「情報の内部に葛藤や矛盾は禁物である」，「情報によって人びとが不安になるより安心する方がいい」といった考えである。

筆者も，これらの命題すべてを頭ごなしに否定したいわけではない。上記のステージに入った後も，災害情報の効用（プラス面）は，当然存在するからである。しかし，災害情報がもたらす逆説的な効果，すなわち，それを伝えるためのリスク・コミュニケーションがもつパラドックスにも，そろそろ正面から取り組むべき時期ではないか。本文（第2章3節(3)項）で使ったものと同じ

序　章　災害リスク・コミュニケーションのパラドックス

喩えで表現すれば，服用している薬（災害情報）そのものが当の症状（たとえば，防災意識が高まらないことや迅速な避難が実現しないこと）の原因の一つになっているとの認識に基づいた思考と実践が，今こそ求められるのではないか。

　災害リスク・コミュニケーションのパラドックスを精細かつ入念に概念化し，その概念化の作業を踏まえた上で，真に有効かつ実践的な災害情報の生産・発信・共有を図る必要がある。本書でチャレンジしたのは，この作業である。

　以下，本書全体のイントロダクションを兼ねて，3つの部，9つの章から構成される本書の内容について概観しておくことにしよう。

2　本書のオーバービュー

　第Ⅰ部（第1章〜第3章）は，理論編である。上述した意味でのパラドックス（逆説）について理論的に位置づけた3つの章から構成されている。3つの章に共通するモチーフは，災害情報の作り手／伝え手／受け手というフレームワーク自体の克服，および，その目的のために，災害情報の内容（what）よりもそれに関わる多くの当事者たちの関係性（whoやhow）に焦点をあてることである。さらに，防災マニュアルや防災マップなどのアーティファクト（道具）を媒介にした「参加」や「可視化」の試みなど，一見無条件に望ましいことのように思える事がらが，その真逆，つまり，「非参加」や「不可視」を生み出してしまうパラドックスに注意を促す。その上で，正統的周辺参加理論に基づいて，多様な関係者を包含・統合した共同的実践（共になすコト）を組織化することを通して，災害情報が生まれ活用されるべきことを指摘する。

　第1章では，まず，災害情報をコミュニケーションとして見るための基盤を固める。コミュニケーションの一切から離れて，それ単体として存在する災害情報は，理屈としては想定しえても現実としては無意味であろう。この意味で，すべての災害情報は，災害リスク・コミュニケーションとして成立する。災害情報をこのように位置づけたとき，ダブル・バインド論が重要な意味をもつ。ダブル・バインドは，あるコミュニケーションが発信するメッセージと，それ

に付帯して潜在的に発信されているメタ・メッセージ，これら2つのメッセージの間の矛盾や葛藤のために，メッセージの発信者，受信者が共に身動きがとれなくなっている状態（コミュニケーション不全）のことである。この章では，災害情報に関わる今日的課題の主要な部分を，「『情報待ち』を再生産するダブル・バインド」，「行政・専門家依存を再生産するダブル・バインド」，「客観的な災害情報観を再生産するダブル・バインド」—この3つのダブル・バインドとして概念化できることを明らかにし，あわせて，そこからの脱出口についても示唆する。

第2章は，今日，防災・減災の営みには不可欠の道具として利用されている防災マニュアル，防災マップ（ハザードマップ）を素材として議論を進める。ただし，ここでも議論の焦点は，それらに何が書き込まれているか，あるいは，どの程度の詳細さが求められるかといったことではない。そうではなく，これらの道具が，それを介したコミュニケーションを通じて，防災・減災の営みに参加する人びとの間にどのような「関係性」（参加と非参加の構造）を作りだしているかという点に考察の力点はおかれる。特に，マニュアルやマップがあるからこそ，逆に，何かに関わらなくなること（非参加），あるいは，何かが見えなくなること（不可視）が生じてしまっている—こういったパラドックスに光をあてる。

第3章では，寺田寅彦による著名なフレーズ「天災は忘れた頃にやって来る」を換骨奪胎する作業を通して，「安全・安心」という便利に使われている言葉の意味についてあらためて問い直す。実は，寺田が問題にしている「忘れる」は，単に時の経過とともに体験が記憶から脱落していくことや災害の再来周期が長いといったことではない。むしろ，ある特定の「関係性」（第2章で指摘したもの）のもとで，より積極的に「なかったことにしてしまう」ことである。その上で，先行する2つの章と同様，本章でも，安心を追い求めることが，逆説的に不安や危険の温床になっていること，安全・安心をとことん追求すると—安全・安心の責任主体を徹底的に特定しようとすると—，かえって，その担い手を雲消霧散させる結果に陥ること（たとえば，一般の人は「公助」

に頼り，自治体側は「自助・共助が大切」と主張するといったすれ違い）など，安全・安心に関して現在生じているパラドックスを理論的に位置づける。

第Ⅱ部（第4章～第6章）は，事例編である。第Ⅰ部の各章で導入した理論的な用語やフレームワークが，姿を変え形を変えて登場しながら，各章で扱う具体的な事例にこれまでにない解釈を与えている。また同時に，各章で紹介している筆者自らの実践的な諸活動が，けっして個々バラバラな場当たり的な興味・関心―「当該の災害事例が発生した以上，研究者として通り過ぎるわけにはいかない」といった姿勢―によって実施されているわけでなく，上述の理論群によって一貫した基盤を与えられつつ駆動されている点に注目していただきたいと思う。筆者の考えでは，災害情報論，より一般化して言えば，防災・減災に関する人間・社会科学的研究に，今日決定的に欠落しているもの，裏を返せば，もっとも必要とされているものは，この意味での強靱な理論的思考である。

第4章で取り上げる事例は，東日本大震災である。本章では，この災害で大きな注目を集めた「津波てんでんこ」という言葉について詳しく分析している。この言葉は，「津波のときは，薄情なようでも，親も子もない，恋人も師弟もない。ともかく全員がてんでんばらばらに高台に逃げるべし」という，通俗的にはもっとも普及した意味に引っぱられて，津波避難に関する「自助」，さらに踏み込んで「自己責任」を説いた言葉だと思われているふしがある。それに対して，本章では，この言葉のルーツをたどり，また関連する諸データを総覧する作業を通して，この言葉が，一見相互に矛盾するかに見える複数の意味（機能）を重層的に有する教え（災害情報）であることを示す。すなわち，「てんでんこ」が，自分だけでなく（「自助」），大切なあなたを助ける（あなたとともに助かる）ための教え（「共助」）でもあること，さらには，"てんでんこ"の教えに従って自分は逃げた」という弁明（釈明）を生き抜いた者に許すことが，こころやコミュニティの回復と再生にもたらす意義についても指摘する。

第5章のテーマは，「自然と社会」の区分けである。この両者を空間的に分けるのがハードウェア（たとえば，堤防），時間的に分けるのが情報（たとえば，大雨警報）である。つまり，これらによって，安全な空間・時間と危険な空

間・時間が分離される（ことになっている）。本章で取り上げた都賀川災害は，河川区域内（親水施設）で短期間に生じた増水のために引き起こされた出来事であり，その意味で，両者の区分けについて考察するのにふさわしい事例である。もちろん，ハードウェアや災害情報による両者の区別は，非常に大切である。それによって多くの命が救われてきたからである。しかし，この区分けは，やはり逆説的な効果を生じうる。区分けがあるがゆえに，かえって，堤防で護られたところは安全，警報が出ていないときは常に安心といった態度が生まれるからである。本章では，「自然と社会」は，本質的にはいつでもどこでも交絡し，ときに突如反転する。よって，区分けは絶対ではないことを明示しつつ区分けするような災害情報が求められることを指摘する。

　第6章では，前2章とは異なり，特定の災害事例を取り上げるのではなく，事が起こる前の災害情報を取り扱っている。災害情報をめぐっては，長らく，その作り手（たとえば，災害や防災の専門家），伝え手（たとえば，マスメディア），受け手（たとえば，子どもを含む一般市民）の3者がきれいに弁別されたフレームワークが，考察や実践の前提にされてきた。この結果，災害情報が充実すればするほど，作り手／伝え手／受け手の分業体制もその完成度を増してしまい，それぞれの活動が相互の連絡や協調を欠いたまままったく異なる舞台で展開されるという逆説的帰結を生んできた。本章では，最先端の地震観測研究と小学校の防災教育という水と油をあえて結びつけようとする筆者らの実践を紹介しながら，このパラドックスの存在を指摘し，かつ，その解消法について提起している。

　第Ⅲ部（第7章〜第9章）は，展開編である。具体的には，これまで主に考察と実践の対象になってきた狭義の災害情報（津波警報や避難指示など，緊急時に比較的短いタイムスパンで活用される災害情報）ではなく，より広義の災害情報にも目を向ける。たとえば，遠い過去に起きた災害の事実やそこから得られた学びを長期にわたって保存し伝達するようなタイプの情報や，防災・減災という活動が，社会の中でどのような活動として位置づけられているかを歴史・文化的に規定するような情報群である。たしかに，これらは，これまで災

害情報と称され，その範疇で考察されることは少なかったかもしれない。しかし，東日本大震災の引き金となった地震・津波が，「千年に一度」の現象であった可能性が指摘された今日，また，「リスク社会」と形容される新たな時代に突入した今日，こうしたタイプの災害情報について考察する重要性は，非常に高まっていると言えよう。第Ⅲ部では，この目的のため，生活習慣，環境（痕跡や景観），小説やテレビ番組他のフィクションなど，一見，災害情報とは結びつきが弱そうな材料にも目を向ける。そうすることで，狭義の災害情報が陥っている落とし穴が逆に見えてくる場合もあるからである。

　第7章では，通常は災害情報と呼ばれることは少ないが，実質的には災害情報と見なしうる多様な媒体について取り扱う。具体的には，生活習慣，痕跡や景観，モニュメント（慰霊碑），博物館などである。これらを，他の章で検討するマニュアル，マップ，小説，テレビ番組などと共に，災害体験の保存と伝達方法を分類するために導入する2つの分類軸，すなわち，「言語的／非言語的」，「意図的／非意図的」によって分類・整理する。本章では，災害の記憶を意図的に保存・伝達しようとしているわけではないこと（非意図性）や，あえて言語的な情報に依存しないこと（非言語性）がもたらす効能，および，被災の直接的な爪痕だけでなく何でもない景観やそこに被害が認められないことが，むしろ痕跡として機能するといった逆説的な現象に目を向けることになる。

　第8章の主役は，災害を扱った小説である。一見柔らかそうな内容を予想させるが，実際には，本章でとり扱うパラドックスが，他章のものよりもより根源的なものである。つまり，災害情報は存在すべきか否か自体が，本章では問われている。考察のためのキーワードは，〈選択〉と〈宿命〉である。災害情報の整備を含め防災に関する努力全般は，究極的には，災害に関するありとあらゆる〈宿命〉を〈選択〉に変換することに他ならない。通常，この目標の実現は，一点の曇りもなく望ましいことのように思われている。たとえば，大雨や強風の情報が与えられるからこそ，単にそれを〈宿命〉として甘受するのではなく，たとえば堤防の建設や事前の避難（といった対応を〈選択〉すること）が可能となるからである。こうした〈選択〉によって，数え切れない人命が救

われてきたし，これからも救われるであろう。それは，たしかである。しかし，あまりに自明なことと思えるからこそ，この目標の是非について立ち止まって考えてみる必要もある。ほんとうに，すべての〈宿命〉を〈選択〉へと変換することが望ましいのか，と。〈選択〉可能であることは，常に安全や安心を社会にもたらし，人びとを幸福にするのだろうか。〈選択〉可能である（と認知される）がゆえに生じる不安や不幸も，存在するのではないか。第8章は，この難問について，いくつかの小説を導きの糸にして考察したものである。

　第9章は，現在の日本社会で，災害情報が今日あるような内容やスタイルをとっていること自体について，3つのテレビ番組に描かれた防災像を分析することを通して，相対化して考えてみるための試みである。「一代の英雄の治世としての防災」（「その時歴史が動いた」），「組織の中の"地上の星"たちのプロジェクトとしての防災」（「プロジェクトＸ」），「ストイックな交歓者たちによる理想の自分の追求過程としての防災」（「プロフェッショナル」）——それぞれのスタイルが繁栄し成功をおさめることは，逆に，それ以外の災害情報のあり方や防災活動のスタイルをまったくあり得ないもの（想定外のもの，論外のもの）としてマスクする働きをもっている。しかし，何ごとであれ，現状の根本的な変革のヒントは，こうした大局的変化を見極めることから得られるものである。言いかえれば，防災が今とはまったく違う活動としてあった社会，あるいは，まったく異なる形態として定着しているかもしれない未来の社会にまで視野を拡大した洞察が，今こそ必要とされている。

第Ⅰ部　災害情報の理論

第1章
災害情報のダブル・バインド

1　メタ・メッセージ

　コミュニケーションの一切から離れて，それ単体として存在する災害情報は，理屈としては想定しえても現実としては無意味であろう。すなわち，すべての災害情報は，災害リスク・コミュニケーションとして，言いかえれば，だれかからだれかへのメッセージとして成立する。災害情報をコミュニケーションとして，すなわち，メッセージとして見た途端，メッセージ一般に該当するいくつかの重要な難問に突き当たる。その一つを，独自の精神医学的コミュニケーション論を展開し，かつ文化人類学者でもあったグレゴリー・ベイトソン（Bateson, 1972）は，「ダブル・バインド」と呼んだ。ダブル・バインドとは，一言で言えば，メッセージとメタ・メッセージとの間に生じる矛盾・葛藤によって，メッセージの受け手が——後に述べるように，実はメッセージの送り手も——股裂き状態になることである（詳しくは，矢野（1998），野村（2008）に明快な解説がある）。

　まず，メタ・メッセージについて説明が必要であろう。ベイトソン自身が注目した事例を若干改変して簡略に紹介しよう。今ここで，2匹の子犬がじゃれあっているとする。ときには，お互いに噛みついたり爪を立てあったりして，われわれには，純粋な攻撃的行動と区別できないこともある。しかし，通常，致命的な傷を相手に与えるようなことはないし，事実，われわれも，それはまさにじゃれあっているのだと認識できる。

　このとき，このじゃれあいには，2つの水準のメッセージが並存している。

第1のメッセージは,「これは攻撃だ,噛んでやるぞ!」というメッセージである。これが存在していないと,じゃれあい（喧嘩遊び）そのものが宙に浮いてしまう。しかし,同時に,もう一つ,第2のメッセージが並存している。それは,「これは遊びだよ,本気の喧嘩じゃないんだよ」というメタ・メッセージである。第2のメッセージがメタ・メッセージなのは,一つには,それが明示的ではない,言いかえれば,表舞台には出てこない暗黙のメッセージだからである。また,もう一つには,それが,第1のメッセージとは異なる水準から第1のメッセージ全体を意味づける機能を担っているからである。

　メッセージが,メッセージとメタ・メッセージという2重の構造をもっている事実は,人間が関わるコミュニケーションでも変わらない。いやむしろ,通常,より鮮明にそのことがあらわれる。たとえば,関西人は,不注意にコトをし損じた相手や「ちょっとやり過ぎでは」と思う相手に対して,しばしば,「お前,ほんまアホやなあ」と言う。ここでも,まず第1に,明示的なメッセージが,文字通りの意味として存在する。すなわち,「失敗をするのは愚か（阿呆）である」,「調子に乗りすぎるのはよろしくない」といった批判的なメッセージである。しかし同時に,「次からは気をつけろよ」といった気遣いや愛情,さらに進んでは,「そこまでやったことは根性があるとも言える」といったちょっとした尊敬の念が,メタ・メッセージとして並存している場合も多い。

　ここできわめて重要なのが,メッセージとメタ・メッセージの間に発生する矛盾や葛藤である。上述した2つの事例においても,メッセージとメタ・メッセージは,それら2つについて,同一平面上でその論理的関係を検討してみれば,相互に矛盾・葛藤していると言わざるを得ない。前者の事例では「これは喧嘩だ／これは喧嘩ではない」,後者の事例では「あなたは愚かである／あなたは愚かではない」という2つの相矛盾するメッセージが同時に発せられているからである。

　しかし,通常は,これら2つのメッセージがそれぞれ,明示的な水準（「図」の水準,あるいは,テクストの水準）とメタの水準（「地」の水準,あるいは,コンテクストの水準）とに分離されることによって,矛盾や葛藤はとりあえず克

服される。いや，むしろ，両者は互いが他を前提にすることによって，味わい深く繊細なコミュニケーションを実現しているとすら言える。すなわち，じゃれあいは，半ば本気だからこそ面白いし，「アホやなあ」は，半ば批判，半ば愛情と認識されるからこそ人情味のある言葉として通用する。

　ところが，この矛盾や葛藤がそのまま表面化してしまう場合もある。前者で言えば，ふとしたことから，じゃれあいが本気の喧嘩に発展してしまう場合である。後者で言えば，「アホ」と言われた相手の方がカチンと来て，「どうせ，俺はアホや」とふて腐れてしまう場合である。このようなときは，言った方も引っ込みがつかなくなって，「そういう態度はないやろッ」などと応酬している間に，売り言葉に買い言葉になってしまうことも多い。メタ・メッセージが失効してしまい，第1次のメッセージがそのまま文字通りの意味で通用してしまうわけである。

2　ダブル・バインド

　メッセージとメタ・メッセージの間の矛盾や葛藤は，上で見たように，いずれか一方（通常は，メッセージの方）が突出して問題化することがある。しかし，より深刻なケースとしてベイトソンが指摘するのが，メッセージとメタ・メッセージがそれぞれの効力を保ちながら，かつ両者が本来的に持っていた矛盾性が露呈してしまい，メッセージの受け手が二進も三進も行かなくなるケースである。これが，他ならぬダブル・バインドである。メッセージとメタ・メッセージ，それぞれに従うことが2つの異なる水準に配分されることによって，逆に味わい深く，複雑なニュアンスのあるコミュニケーションが実現するのではなく，矛盾が矛盾としてそのまま露出してしまうケースである。メッセージに従うこと（第1の拘束）とメタ・メッセージに従うこと（第2の拘束），この相矛盾する両者によって拘束され身動きができなくなることから，ダブル・バインド（二重の拘束）と呼ばれる。別の言い方をすれば，ダブル・バインドとは，メッセージとメタ・メッセージとの間の逆立関係によって，コミュ

ニケーション全体が不全に陥っている状態，と位置づけることもできよう。

　ダブル・バインド論が，典型的なダブル・バインド状況として，しばしば引き合いに出す事例が，過保護な親子関係に見るコミュニケーションである。たとえば，親が，「この科目は1回生のときに履修しておかないと後で困るわよ」などとお膳立てしてくれないと，ろくろく講義にも出て来ない大学生がいるとしよう（実際にいる，という話を聞いたことがある）。そういった親は，子どもがきちんと講義に出てきているかどうか不安で，大学に電話で問い合わせるといったこともしそうである（これは，筆者自身，実際に体験したことがある）。要するに，親は子離れができず子は親離れができず双方ともそれに苛立っているのだが，それを克服できないまま現状がズルズルと続いているような関係である。

　このような関係にあって，親が子どもに，「大学生なのだから，もっと自立しなさい」，「自分で解決しなさい」と指示・命令したとしよう（このコミュニケーションも，実際に十分ありそうである）。このメッセージを受けとった子どもは，どうすればいいのか。第1のメッセージ，すなわち，明示的なメッセージは，文字通り，親からの自立・独立を指示・命令している。しかし，重要なことは，このメッセージが同時に，次のようなメタ・メッセージを伴っていることだ。つまり，「自立せよ，という私の指示・命令に従いなさい」（言いかえれば，「自立するな」）。このようなメタ・メッセージは，「自立しなさい」というメッセージと一緒に表れる親の表情，口ぶり，身ぶり，あるいは，親の別の行為（たとえば，このような指示を出しておきながら，心配になって受講状況を大学に問い合わせるなど）によって発信されている。以上から容易にわかるように，このとき，子どもがメッセージに従うことはメタ・メッセージに従わないことを意味し，その逆—メタ・メッセージに従うことはメッセージに従わないことになる—も成り立つ。子どもは股裂き状態に陥る。

　子どもを立ちすくませているこのダブル・バインドが，メッセージを発信した親の方をも縛っていることが重要である。子どもが相変わらず親頼みの態度をとれば，第1次のメッセージが伝わっていないことになる。逆に，子どもが

独立独歩で自由にやり始めても，それはメタ・メッセージが伝わっていないことを意味し，「ほんとうに，この子，大丈夫かしら」と親は不安になる。この意味で，親離れ／子離れのダブル・バインドは，メッセージとメタ・メッセージの間のダブル・バインドであると同時に，メッセージの送り手と受け手の双方をバインド（拘束）しているという意味で，言ってみれば，ダブル・ダブル・バインドだと言える。だからこそ，双方が双方を突き放そうとしながらも実は両者はもたれ合っており，相互依存の状況がダラダラと続いていくことになるのである。

3　災害情報をめぐるダブル・バインド

以上，ダブル・バインド論について長々と記述を続けてきた。これは，今日の日本社会で災害情報が抱える課題に対して筆者が抱いている基本的な問題意識を鮮明にするためである。結論を先に記せば，現在の日本社会における災害情報をめぐる課題の多く，特に，片田ら（たとえば，片田 (2006), 片田・児玉・桑沢・越村 (2005)）が，「行政・専門家依存」，「情報待ち」といった用語で指摘してきた課題は，親離れ／子離れをめぐるダブル・バインドと酷似しているのではないだろうか。ダブル・バインドが発生しているコミュニケーションの主役は，もちろん，主として災害情報の生成・伝達にあたる専門家，行政機関，マスメディア（上の例では親の側に相当）と，その受け手たる一般の住民（上の例では子の側に相当）である。

次節以降，各論に入る前に，筆者が災害情報のダブル・バインドとして概念化できると考えていることを概観しておくことにしよう。そのためには，災害情報のコミュニケーションにおいて発信されているメタ・メッセージに注目することが不可欠である。私見では，この論点は，「災害情報のジレンマ」と題された田中 (2008) などを除くと，従来の研究では部分的，単発的な現象として取り上げられることはあっても，ダブル・バインド，メタ・メッセージといった，コミュニケーション論に関する一般的かつ統一的な視点から包括的に

考察されることは，ほとんどなかったように思われる。

さて，たとえば，「昨夜からの大雨で，××川は破堤の危険があります。早めに指定の避難所に避難してください」という情報を考えてみよう。このメッセージは，以下のような，さまざまなメタ・メッセージを随伴しうるし，実際に伴っていると筆者は考える。一つには，「避難というものは，このようなメッセージを受けとってから，言いかえれば，メッセージを待ってするものだ」というメタ・メッセージである。言うまでもなく，これが，「情報待ち」として指摘される問題群の元凶であろう。この点については，この後，4節で述べる。また，次のようなメタ・メッセージも存在している。「世の中には，このようなメッセージを作る（あるいは伝達する）私たちのような役割の人と，みなさんのようにそれを受けとってその内容を実行に移す役割の人とがいますよ」というメタ・メッセージである。これは，まさに過保護と過依存が融合した送り手／受け手関係（行政／住民関係）を再生産するメタ・メッセージである。この点については，5節で述べる。

さらに，「災害情報は，自然的状況または社会的状況を客観的かつ一意的に記述するものだ」（逆に言えば，曖昧性や矛盾性を極力排除した情報であるべきだ，ということ）というメタ・メッセージも発信されている。これについては，筆者自身，近年，防災ゲーム「クロスロード」（矢守・吉川・網代，2005；吉川・矢守・杉浦，2009）という別種の形態—多様な関係者間の矛盾や葛藤を表現する形態—をとる災害リスク・コミュニケーション技法を提案してきた。この点については，6節で述べたい。

4　「情報待ち」を再生産するダブル・バインド

（1）　繰り返される「情報待ち」

災害情報が近年質量ともに豊富になってきたことが，かえって，地域住民に災害情報を待つ態度を醸成し適切で迅速な避難の障害になっている。この「情報待ち」の問題をもっとも明確に，かつ，実証的なデータと共に提起してきた

のは，片田ら（片田ら，2005；片田研究室，2003）である。たとえば，片田ら（2005）は，2003年5月に発生した宮城県沖地震に見舞われた気仙沼市で，津波避難に関する調査を実施している。この地震では，過去の事例から推して当然津波の来襲が予想される状況にあったにもかかわらず，実際の津波避難率が2％未満にとどまったことが報告されている。

　この報告の中で，片田ら（2005）が特に問題視したのが，住民が，「避難しなかった」理由とその間何をしていたかである。片田ら（2005）は，調査対象地域となった気仙沼市が津波常襲地域であること，さらに，当然津波の襲来を予期して然るべき震度5強もの揺れがあったことを踏まえた上で，次の事実を重視している。すなわち，「避難しようとは思った」が「避難しなかった」回答者を対象に，その理由を尋ねたところ，全体の54.6％（1位）が「津波被害なしの情報を聞いたから」と答えている点である。この情報は，地震発生から12分後に伝えられた「潮位の変化はあるが津波被害のおそれなし」という情報のことである。

　片田ら（2005）は，地震発生が夕方6時24分と夕食時であったことから，回答者の約8割がテレビを観ていたことを踏まえ，多くの住民が「避難の準備をしながら津波警報などの津波に関わる情報を待ち続け，『津波被害なし』という情報を得るまでの12分間を過ごした」（pp.96-97）と指摘する。すなわち，「過剰に情報に依存した避難の意思決定」（p.97）を問題視している。同じ事例については，牛山・今村（2004）も，7割以上の調査回答者が「津波警報・避難勧告待ち」の状態にあったことを見いだしている。「情報待ち」は，他の災害事例でも観察される。たとえば，2003年9月の十勝沖地震（吉井・田中・中村・中森・三上，2004），2004年9月の紀伊半島南東沖地震（河田，2006；黒田，2008）などの事例においても，地域住民の多くが地元自治体などからの「情報待ち」，「指示待ち」の状態にあって，それが津波避難を遅らせたことが指摘されている。

　以上のことは，東日本大震災にも該当する。たしかに，東日本大震災では，津波に対する警戒感が他地域よりも相対的に高かったと考えられる東北地方太

平洋沿岸地域が被災地の中心となったため，これまでの事例に比べて，この地域を中心に「情報待ち」の色彩は弱い。すなわち，50％を超える人々が，揺れがおさまった直後に（情報を待たずに）避難を開始したことが報告されている（たとえば，中央防災会議防災対策推進検討会議津波避難対策検討ワーキンググループ（2012a））。しかし，全国的に見れば，「情報待ち」によって津波避難が遅れる傾向は，この大震災でも強かった。たとえば，中央防災会議防災対策推進検討会議津波避難対策検討ワーキンググループ（2012b）が，大津波警報が発表された地域（ただし，岩手県，宮城県，福島県を除く地域）の居住者で浸水の危険性を認識していた人びと（11,962人）を回答者として実施したアンケート調査から，次のようなことがわかっている（回答者の居住地別では，神奈川，静岡，北海道，茨城，和歌山，高知，徳島の順で多く，この7道県で全体の70％以上を占める）。

　まず，「あなたは地震の直後に，次のようなことをしましたか」（複数選択可）という問いに対する回答のトップは，地震に関する情報取得（約60％），2位は津波に関する情報取得（約30％）であり，その他の項目を大幅に上まわっていた。さらに，「あなたが津波から避難したきっかけは何ですか」（複数選択可）に対する回答のトップと2位は，それぞれ，「大津波警報を見聞きした」（約35％），「津波警報を見聞きした」（約30％）であり，3位となった「揺れ具合から津波が来ると思った」（約25％）を上まわっていた。以上の結果は，東日本大震災でも，従前通り，方法や形態はどうであれ，まず情報取得をして，その後それを受けて避難を開始するという「情報待ち」，「指示待ち」が生じていたことを明示している。

(2)　「『情報待ち』をしないで」のダブル・バインド

　以上に述べてきた「情報待ち」に関する事実認識やその問題性については，筆者も賛同する。ただし，その上で，筆者なりの見解をさらに付加するならば，「情報待ち」をもたらした原因をどのように見るかである。情報化社会の中で災害情報が質量共に豊富になったため，あるいは，自分で自分の身を守る意識

の欠落のため——これらの指摘は，直接的で目に見える，「情報待ち」の理由の指摘としては正当なものだろう。しかし，さらにその先，すなわち，なぜ，どのようなメカニズムに基づいて，豊富な情報がそれを能動的に駆使する態度ではなく，かえってそれに依存するという受動的な態度をもたらすのか，あるいは，そのような状態から逃れることがなぜ困難なのかが問われなければ，問題の解決にはつながらない。

　この意味で，避難勧告や指示に関わる災害情報をめぐるダブル・バインドは，「情報待ち」が生じてしまう根源的な理由をよく説明してくれるように思われる。すなわち，多くの場合，災害の専門家が生成し，行政やマスメディアが発信する「避難せよ」との災害情報は，それが何度も反復される間に，このメッセージの文字通りの意味と同時に——いや，皮肉なことに，メッセージ本体よりも強力に——，次のメタ・メッセージを住民に届け続けてきたのである。すなわち，「避難は災害情報を受けとってから実施せよ」，さらには，「災害情報を受けとらなければ避難を控えよ」というメタ・メッセージである。

　もちろん，災害情報の専門家も自治体関係者も，徐々に，この矛盾やパラドックスに気づきつつある。だからこそ，「情報を待たずに逃げてください」，あるいは「情報に頼らずご自身で判断してください」などの呼びかけを，近年耳にするようになってきたのであろう。しかし，事態がいっそう根深いものになりがちなのは，「情報を待たずに逃げてください」というメッセージそのものが，皮肉なことに，再びダブル・バインド的なのである。なぜなら，「情報に頼るな」というメッセージを受け入れることは，まさに専門家や行政から発信される情報（「情報に頼るな」という情報）に頼っていることを意味するからである。言うまでもなく，これは，先に見た，親離れ／子離れを阻んでいるダブル・バインドにおける「自立しなさい」とまったく同型的である。

　では，このダブル・バインドから逃れるための脱出口はどこにあるのか。その鍵は，この後述べる第2，第3のダブル・バインドをめぐる検討を通して見えてくる。ここで，問題解消の鍵となる重要な点だけを予示しておけば，ダブル・バインドが，ダブル・ダブル・バインドである点をよく見極めることが大

切である。すでに述べたように、ダブル・バインドは、情報の受け手だけを拘束しているのではない。情報の送り手や伝え手（専門家、行政、マスメディア）をも拘束している。だから、この種の問題は、情報の内容をわかりやすいものに変えるとか、受け手のリテラシーを上げようとかいったアプローチでは解消しない。いやむしろ、そうしたアプローチは、問題の解消どころか、むしろ問題の原因にすらなっている。送り手の親切心が受け手の依存（待ちの姿勢）を作りあげてしまっているのだし、かつ、受け手の依存的な態度に、実は、情報の送り手も甘えている（依存している）からである。「まったく、仕方のない子ねえ」とこぼしながら、子の尻ぬぐいに奔走する親が、子離れできていないのと同じことである。

5　行政・専門家依存を再生産するダブル・バインド

　多くの災害情報が、「世の中には、このようなメッセージを作る（あるいは伝達する）私たちのような役割の人と、みなさんのようにそれを受けとってその内容を実行に移す役割の人とがいますよ」というメタ・メッセージを、メッセージとともに同時発信していることにも注意が必要であろう。これは、自らの安全について行政や専門家に過度に依存する住民と、住民の安全をパターナリスティックに過度にコントロールしようとする行政や専門家という、過保護と過依存の関係を再生産する主役を演じているメタ・メッセージである。

　もちろん、こうした状況に対する危機感は、すでに表明されている。防災実践の領域における「自助・共助・公助」の見直し議論は、その表れの一つである。たとえば、上で言及した津波避難場面で言えば、自助・共助・公助の見直し議論は、典型的には以下の形式をとる。すなわち、避難判断の最終の拠りどころが住民自身にあることの再認識を住民に求め、従来型の自治体主導の避難（公助）だけでなく住民自身の判断による早期避難（自助）が住民に要請される。同時に、その場合、近隣住民が相互に避難を促しあうこと、および、地域社会で高齢者や身障者などの避難を援助することや、住民参加型の教育や訓練

を事前に重ねること（共助）が期待される．要するに，津波避難に関する最終的な主体であるにもかかわらず，これまで受動的な役割しか期待されてこなかった住民をあらためて主役の座に据えて，行政・専門家依存を脱却しようというトレンドである．

　この点について，より具体的で，かつ，重要と思われる事例を2つだけ掲げておこう．第1に，上で参照した気仙沼市と同様，津波の常襲地帯である三重県尾鷲市において，独自の津波災害総合シミュレータを中核ツールとして，研究者，自治体，住民が一体となった防災事業を主導してきた片田（2006）の研究が示唆に富んでいる．片田（2006）は，一連の防災事業を進捗させる渦中に，はからずも尾鷲市住民が体験した紀伊半島南東沖地震（2004年9月5日の夕刻から深夜にかけて2回の地震が発生）の際に住民が示した対応に関して，実態調査を行っている．

　注目すべきは，先述の気仙沼市の事例と同様，避難率が全体に低調であった中で，海岸に面していることもあってもっとも避難率が高かった港町地区の内陸側に隣接する中井町地区が，港町地区に次いで高い避難率を示したことである．これは，片田（2006）によると，多くの港町住民が避難場所へ移動する際に中井町内を通過したために，その様子を見た中井町住民も避難をしたためである．このように，避難の声掛けや避難している人を目撃することが避難の促進に寄与することは，台風23号災害（2004年），東日本大震災（2011年）など他の事例でも確認されている．また同時に，こうしたメカニズムの存在は，第4章4節で詳しく述べているように，集合行動に関する実験的な研究でも裏づけられている（Sugiman & Misumi, 1988）．

　このことから，片田（2006）は，地域社会の自主防災組織の中に"率先避難者"をつくることを推奨している．"率先避難者"とは，「地震発生後に隣り近所に声をかけながら，とにかく早く避難を開始する人」（p. 18）であり，言葉をかえれば，「自らの避難行動をもって他の人のための情報となる人」のことである．また，この試みが，東日本大震災における「釜石の奇跡」（片田, 2012）として結実したこともよく知られている（詳しくは，第4章を参照）．

第2は，東日本大震災以後，特によく知られようになった「津波てんでんこ」の事例である。「津波てんでんこ」とは，東日本大震災を含め，たびたび甚大な津波被害に見舞われてきた東北地方三陸沿岸で言い伝えられてきた教えで，津波発生の危険時は，事前に認め合った上で，『てんでんバラバラ』に逃げて一族共倒れを防ごうという意味とされている。第4章で詳しく議論するように，実は，この教えは非常に重層的な意味・機能をもっており，この第一義的な意味だけで本語を理解するのは軽率である。しかし，ひとまず，この教えが，ここでの文脈において，「情報待ち」や「行政・専門家依存」の克服の役割を果たす事例の一つであることは明らかであろう。大きな揺れを感じたら「てんでんこ」に，つまり，行政やマスメディアから与えられる情報などを待たずに，それに頼らずに自発的に迅速に避難すべしと謳われているわけだから。

　要するに，これらの事例から学ぶべきポイントは，災害情報をトリガーとして何かを行うという構図が維持されている限り，メタ・メッセージの副作用によって，災害情報の発信者対受信者という構図から脱却できないという洞察である。そして，この構図に代わる代替案として提起されているのが，一般の人びと（の行動）そのものをむしろ災害情報として機能させる，という考え方である。上記の通り，"率先避難者"とは，言わば，自ら情報となった人びとである。人びとがそのふるまい（避難するというふるまい）を通じて，互いが他者にとっての災害情報を共同生成するという能動的役割を担うことによって，ダブル・バインドの構図がもたらしてきた否定的な帰結を免れようとする試みが，"率先避難者"に他ならない。

6　客観的な災害情報観を再生産するダブル・バインド

（1）　多義性・葛藤性の排除は是か？

　災害情報が発するメタ・メッセージ，すなわち，メッセージ本体に付随する暗黙のメッセージとしては，さらに，次のようなものもある。それは，「災害

情報は，自然的状況または社会的状況を客観的かつ一意的に記述するものだ」というメタ・メッセージである。これは，別言すれば，災害情報には，多義性や曖昧性，あるいは，葛藤・矛盾は禁物であり，「時間降水量が×ミリを超え大雨警報が発令されました」，「危険水位を超えたから避難してください」など，「if…then…」形式の一意的な状況認識や行動指示の形式たるべきだ，とのメタ・メッセージでもある。そして，このような形式の情報が多数束ねられ体系化されたものが，防災計画や防災マニュアルに他ならない。たしかに，災害情報に含まれる曖昧性や多義性が，ときに，情報確認のための時間を空費したり不適切な災害対応を生んだりすることはある。さらに進んで，それが無責任な流言やデマの温床ともなることは，筆者自身の専門分野でもある社会心理学の常套的知見でもある。これらの認識自体には，筆者も異論はない。

　しかし，災害情報の活用場面のすべてが，このような情報観で済むということも，逆にあるまい。実際，災害情報が，自然現象そのものに関する情報から離れ，自然現象に対する人間・社会の反応（社会現象）に関する情報としての性質を増すほどに，客観的な災害情報観は通用しにくくなる。このことは，たとえば，緊急地震速報そのものの生成や伝達に関わる問題群と，緊急地震速報に対する人間・社会の反応に関する情報の生成や伝達に関わる問題群とを比較してみるだけで明らかである。前者と比較して，後者に，人による違い（たとえば，情報の受け手の年齢や性別の差違など），状況の違い（たとえば，一般家庭か学校か，あるいは，病院か公共交通機関かなど）が不可避にもたらす情報の曖昧性，多義性の問題がより多く浮上することは明白である。

　この最たる例が，東日本大震災における津波避難に関わる問題群である。本大震災をめぐる津波情報・避難については，「Aなすべし／Bなすべからず」式に，その当否を客観的かつ一意的に引き出すことが非常に困難な命題（情報，教訓）が多数得られている。たとえば，消防団が自らの避難を優先するのはOKかNGか，クルマでの避難はOKかNGか，避難時に支援する要援護者を決めておくのはOKかNGか，指定避難場所に逃げるのはOKかNGか，いったん逃げた場所から他の場所に移動するのはOKかNGか，いわゆる垂

直避難は OK か NG か，津波予想高の数値を示すテレビ情報は OK か NG か，といった命題群である。これらのすべてについて，相矛盾する調査結果やエピソードがすでに多数報告されているし，今後もそうであろう（矢守・中神・宇野沢・上山・本田・笠井・永井・岩田・今村，2011；河田・矢守，2012）。要するに，こうしたテーマについては，むしろ，多様な認識や印象，相互に矛盾する多義的な事実が存在すること自体が，むしろ「情報」として集約され，伝達されるべきではないかと考えられる。

（2） 情報観と防災観の相互規定性

　第3のダブル・バインドに光をあてるもう一つの理由は，災害情報とはどのようなものであるべきかに関する考え（災害情報観）と，防災・減災がどのような実践（活動）であるべきかに関する考え（防災実践観）との間に見られる相互規定関係である。状況認知論（上野（1999）など）が示唆するように，現代社会におけるさまざまな社会的実践（防災実践に限らずすべて）は，多くの人びとを巻き込む複雑な共同実践である。そのため，それをわかりやすく可視化し人びとによる共同や協調を容易にするための広義のアーティファクト（道具）―情報も道具の一種である―が，そこに介在してくることになる。そして，先に指摘したように，ここで言う実践（防災実践）とそれを支える道具（災害情報）とは，よく言えば，互いが互いを支える関係，悪く言えば，互いに互いを縛るニワトリと卵のような関係にある。

　この理解から示唆される重要なことは，実践がまずあってそれに応じた道具が開発されるという常識に合致したわかりやすい影響関係だけでなく，導入される道具（災害情報）の方が逆に，実践（防災活動）そのものを形作ってしまうという反対方向の影響関係も存在する点である。具体的に言えば，従前型の，客観性と一意性を志向した災害情報が，それ以外のタイプの情報は災害情報にあらずとのメタ・メッセージを発信しながら社会に流通する過程で，知らず知らずの間に，防災実践（防災とは，どういうことをすることなのか）についても，特定のものに矮小化されてきた恐れがある。

第 1 章　災害情報のダブル・バインド

　より細かく，より具体的に考えてみよう。たとえば，気象衛星からの映像という情報がある。ここには，この映像本体をはじめ，映像を撮る衛星，映像の送受信装置など，多くの道具が関与している。そして，重要なのは，これらの道具が利用されていることと，その開発・操作に関わる専門技能が社会的に認知され，映像をもとに気象情報を生成する専門的な職種があると皆が認識し，マスメディアが気象情報を広範囲に配信する役割を果たし，それを自治体職員や一般の人びとが受信し何らかのリアクションを示す──これらの一連の活動が展開されることとは表裏一体だということである。正確に言えば，上で述べた一連の活動こそが防災実践なのだという防災実践観と気象衛星画像という情報とは，同じことの表裏である。したがって，より踏み込んで言えば，このタイプの情報を活用することは，この種の防災実践を支える基盤となっていると同時に，防災実践を別様に考えること，別様に実践することを阻害しているとも言える。

　あるいは，この後，第 2 章で主題的に取り上げる防災マニュアル（地域防災計画）も，別の種類の災害情報と見なすことができる。これらの情報は，そこに記された内容（メッセージ）とは別に，メタ・メッセージの水準で，防災実践とは，多くの人びとを一定の地位・役割体系へと整序し，その中で付与される権限と義務に基づく活動を人びとに配分することだという感覚を伝え，それを再生産し続ける。防災とは，判断・指示の集積であり，また，その伝達・受容だと見なす，経営管理的な防災実践観である。もちろん，このタイプの道具（情報）によって，それを欠けば無秩序に入り乱れる他なかったかもしれない多くの人的・物的資源が組織化され，そのストックとフローが可視化される点で，これらの情報は，先ほどの気象衛星画像とはまた違った形で，防災実践に大いに貢献する。しかし，それと同時に，これによって防災実践を別様に組織化し実行する道が，ここでも閉ざされていると言える。

　容易に察せられる通り，上述の 2 つの防災実践観，および，それに即応する 2 つのタイプの災害情報観について，その優劣を問うことにはあまり意味がない。両者は共に，それぞれ別々の世界を構築しうるし，それぞれが長所と短所

をもっている。むしろ重要なことは，災害情報に対する固定的な見方を排し（なぜなら，それはそのまま，防災実践観の固定化を生むのだから），さらに別様のあり方を探り，既存のものとあわせて，われわれが防災に取り組むときの手駒を豊富にすることである。この意味で，筆者らが開発した防災ゲーム「クロスロード」(矢守ら，2005；吉川ら，2009；河田・矢守，2012) は，上の2つのタイプの災害情報が，それぞれ，自然的対象，社会的対象に対する客観的で一意的な記述を中心に据え，それに応じた防災実践を構築してきたことを踏まえ，それらとは異なる第3の道を志向したものだと言える (第8章5節(1)項も参照)。

一言で言えば，「クロスロード」では，自然的対象，社会的対象の双方に関する相容れない複数の事実認識や，態度・価値の間の矛盾と葛藤を可視化し，それをベースとしたゲーム参加者の意見交換，対立と説得，コンセンサスの形成と破綻—これらのプロセスこそが防災実践（防災をすること）であるとの認識を，メタ・メッセージとして発信することを目標としたものである。たしかに，「クロスロード」における「正解の欠落」(矢守，2007；Yamori, 2007) は，そこで流通する災害情報が，従来のものとは異なり，曖昧で多義的であることを示している。これは，これまでの災害情報観，すなわち，これまでの防災実践観を前提にする限り，マイナスの評価を受けても仕方のない特性である。

しかし，上で述べたように，今日求められているのは，防災実践観の複線化・多様化であり，それはイコール，災害情報観の複線化・多様化である。特定の，そして，既存の災害情報観を墨守する限り，それがもたらすダブル・バインドをその内側から打破することは困難である。「クロスロード」をめぐる防災実践自身も，その例外でないことを自覚しつつも，常に，既往の災害情報が生みだすダブル・バインドに注意を向け，新たな防災実践のありようを模索する姿勢を保ち続けることが重要だと指摘しておきたい。

7　おわりに――課題と挑戦

今日の日本が，災害情報をめぐるダブル・バインドを警戒し，その克服を図

らねばならない状況にあることを，矢守 (2009) に従って強調し，あわせて，直面する課題の解決へ向けた具体的な方向性が提起されはじめていることを紹介して本章を閉じたい。

　社会学は，近代社会がもった「自己意識」だと言われる。これにならって言えば，「リスク社会」，あるいは「災害多発時代」と形容される今日，災害リスクの探究と対策の最前線に立つことが期待されている防災研究も，防災知識・技術の獲得や開発という本体部分の活動を進捗させるのみならず，それが産み落とした知識・技術を前提として自然災害へと立ち向かう社会において，自らが占める立場や機能を再帰的に眼差す視線（自己意識）をもつ必要がある。言いかえれば，防災研究には，与件的対象としての自然現象，および，与件的対象としての人間・社会現象に関する知識・技術を獲得するだけでなく，社会システムの再帰性が増し，それにとっての与件的対象をシステム自らが生産していると多くの人びとが見なすような今日の「リスク社会」において，自らが果たしている役割を明確に意識することが求められている。

　たとえば，防災研究は，地震リスク（1次の純粋な与件的対象）に関する情報・技術（地震動波形に関する知識や観測技術など）や，それを前提とした社会的な情報・技術（予知情報の生成・伝達や緊急地震速報のシステムなど）を生産している。しかし，これらの情報・技術は，副次的なリスクを伴う。たとえば，予知そのものの失敗，予知情報に伴う経済的損失や緊急地震速報に対する利用者のリアクションが引き起こすかも知れない事故などである。これは，見方を変えれば，「われわれは知ることによって益々不安の材料を増やしている」（村上，1998，p. 21）ということでもある。そして，防災研究は，これら自らの活動が生産した副次的なリスクをも，2次の，言いかえれば，再帰的な与件的対象と見なし，それに関する情報・技術を自らのストックの内部へと組み入れて，それらを予測し制御しようとする。

　以上のことは，現代の日本社会においては，災害情報を支えるコンテクストが複雑化し，災害情報が文字通りのメッセージとして流通する可能性が低下していることを示している。裏側から見れば，メッセージが流通することがもた

らす帰結に関するメッセージの重要性，あるいは，メッセージの流通に関与する人びととの関係性に関するメッセージの重要性が高まっているということである。これは，メッセージと同様，いやそれ以上に，メタ・メッセージに注目し，特に，両者の間の葛藤や矛盾が生みだすかもしれないダブル・バインド状況に注意を払わねばならないことを示している。今後，災害情報を，こうした視点から検討することの必要性は，ますます高まっていくものと思われる。

こうした方向へ向けた試みも，少数ながら開始されている。たとえば，佐藤・菊池・谷口・林・西・小山内・伊藤・矢守・藤井（2011）は，本章で提起した枠組みに準拠して，災害情報に関わるダブル・バインドの存在を質問紙調査を通じて実証すると共に，それがもたらす負の効果を低減させるためのリスク・コミュニケーションの手法を，土砂災害に関する地域防災力向上のためのプログラムを通して提案している。また，近藤・矢守・奥村（2011）や近藤・矢守・奥村・李（2012）は，これまで，災害情報の送り手としてのみ位置づけられがちであったマスメディアの役割を見直し，一般住民，専門家などともに，災害リアリティ・ステークホルダーとして共同可能な体制を促す災害報道のあり方を模索している。

こうした試みは，より一般には，災害情報をめぐる「ジョイン＆シェア」（参加と共有）のスタイルを確立する動きと軌を一にしている（矢守，2011）。「ジョイン＆シェア」とは，先の村上（1998）の言葉を借りれば，専門家や行政を通して知ることで，かえって不安や依存を高めるのではなく，「みなで知ること」で，「ダブル・バインド」を克服し真に実効性のある災害情報を共同生成しようとする運動のことである。この点については，第3章4節で，「安全・安心」および「リスク」概念との関係の観点から簡単に触れている。また，第6章でも主題的に論じているので併読されたい。

〈文　献〉

Bateson, G. (1972) *Steps to an ecology of mind.* ［ベイトソン，G.　佐藤良昭（訳）（2000）精神の生態学（改訂第2版）　思索社］

中央防災会議防災対策推進検討会議津波避難対策検討ワーキンググループ（2012a）津波避難対策検討ワーキンググループ報告参考資料集　中央防災会議

中央防災会議防災対策推進検討会議津波避難対策検討ワーキンググループ（2012b）東日本大震災時の地震・津波避難に関するWEBアンケート調査結果（速報）中央防災会議

片田研究室（2003）平成15年5月26日　三陸南地震における気仙沼市民の避難に関する調査報告書（速報版）[http://dsel.ce.gunma-u.ac.jp/modules/newdb1/detail.php?id=8]

片田敏孝（2006）災害調査とその成果に基づく Social Co-learning のあり方に関する研究　土木学会調査研究部門平成17年度重点研究課題（研究助成金）成果報告書 [http://www.jsce.or.jp/committee/jyuten/files/H17j_04.pdf]

片田敏孝（2012）人が死なない防災　集英社

片田敏孝・児玉真・桑沢敬行・越村俊一（2005）住民の避難行動にみる津波防災の現状と課題――2003年宮城県沖の地震・気仙沼市民意識調査から　土木学会論文集，**789**/Ⅱ-71, 93-104.

河田慈人・矢守克也（2012）ポスト・東日本大震災における津波防災の課題の体系化――「クロスロード・津波編」の作成を通じて　災害情報学会第14回研究発表大会予稿集　pp. 360-363.

河田惠昭（2006）スーパー都市災害から生き残る　新潮社

吉川肇子・矢守克也・杉浦淳吉（2009）クロスロード・ネクスト――続：ゲームで学ぶリスク・コミュニケーション　ナカニシヤ出版

近藤誠司・矢守克也・奥村与志弘（2011）メディア・イベントとしての2010年チリ地震津波――NHK テレビの災害報道を題材にした一考察　災害情報，**9**, 60-71.

近藤誠司・矢守克也・奥村与志弘・李旉昕（2012）東日本大震災の津波来襲時における社会的なリアリティの構築過程に関する一考察――NHK の緊急報道を題材とした内容分析　災害情報，**10**, 77-90.

黒田洋司（2008）津波と市町村が直面する問題　吉井博明・田中淳（編）災害危機管理論入門　弘文堂　pp. 50-54.

村上陽一郎（1998）安全学　青土社

野村直樹（2008）やさしいベイトソン――コミュニケーション理論を学ぼう　金剛出版

第Ⅰ部　災害情報の理論

佐藤慎祐・菊池輝・谷口綾子・林真一郎・西真佐人・小山内信智・伊藤英之・矢守克也・藤井聡（2011）災害情報のメタ・メッセージによる副作用に関する研究　災害情報, **9**, 172-179.

Sugiman, T., & Misumi, J. (1988) Development of a new evacuation method for emergencies: Control of collective behavior by emergent small groups. *Journal of Applied Psychology*, **73**, 3-10.

田中淳（2008）災害情報のジレンマ　田中淳・吉井博明（編）　災害情報論入門　弘文堂　pp. 212-217.

上野直樹（1999）仕事の中での学習――状況論的アプローチ　東京大学出版会

牛山素行・今村文彦（2004）2003年5月26日「三陸南地震」時の住民と防災情報　津波工学研究報告, **21**, 57-82. [http://disaster-i.net/notes/200305e-qr.pdf]

Yamori, K. (2007) Disaster risk sense in Japan and gaming approach to risk communication. *International Journal of Mass Emergencies and Disasters*, **25**, 101-131.

矢守克也（2007）終わらない対話に関する研究　実験社会心理学研究, **46**, 198-210.

矢守克也（2009）「リスク社会」と防災人間科学　矢守克也（著）　防災人間科学　東京大学出版会　pp. 19-36.

矢守克也（2011）ジョイン＆シェア　矢守克也・渥美公秀・近藤誠司・宮本匠（編著）　ワードマップ――防災・減災の人間科学　新曜社　pp. 77-80.

矢守克也・吉川肇子・網代剛（2005）ゲームで学ぶリスク・コミュニケーション――「クロスロード」への招待　ナカニシヤ出版

矢守克也・中神武志・宇野沢達也・上山亮佑・本田真一・笠井康祐・永井友理・岩田啓孝・今村文彦（2011）東日本大震災における津波避難に関する大規模調査（速報）――今後の調査分析と知見活用に必要なこと　第30回自然災害学会学術講演会講演概要集　pp. 55-56.

矢野智司（1998）生成のコミュニケーション（G. ベイトソン）　作田啓一・木田元・亀山佳明・矢野智司（編）　人間学命題集　新曜社　pp. 80-85.

吉井博明・田中淳・中村功・中森広道・三上俊治（2004）2003年十勝沖地震における津波危険地区住民の避難行動実態　文部科学省地震調査課委託報告書

第2章

参加を促す災害情報
——マニュアル・マップ・正統的周辺参加——

1　マニュアルの光と陰

（1）　マニュアルとは何か

　防災・減災にマニュアルはつきものである（図1）。たとえば，「災害対応マニュアル」，「地域防災計画」，「防災ハンドブック」など呼称はさまざまでも，これらのマニュアルには，たとえば，「××川に氾濫警戒情報が発令されたときには，防災担当職員は，図に定める情報伝達経路に従って水防管理者等にその内容を通知する」といった形式の指示が満載されている。この形式をもう少し抽象化して表現すれば，特定の状況下で当事者（ここでは自治体の防災担当職員をイメージ）がなすべきふるまいを指定する指令という形式，と整理することができるだろう。

　物理的にはなしえた他のふるまい（たとえば，もう少し様子を見る，あるいは，町の状況を見に行くといった他のふるまい）を排除し特定のふるまいを指定する点で，この形式は当事者のふるまいの，第三者から見た不確実性を低下させている。この意味で，マニュアルは，情報の量を事象の起こる確率（不確実性）と関連づけて定義した，情報学の祖シャノン流に言えば，文字通りの意味で情報だと言える（たとえば，高岡（2012））。また，ある入力情報（たとえば，氾濫警戒情報）に対する特定の出力情報（たとえば，住民に対する避難勧告情報）を対応づけている面に注目すれば，マニュアルとは情報の取り扱い方を規定する情報を集積したもの，と定義づけることもできよう。

第Ⅰ部　災害情報の理論

図1　防災・減災のためのマニュアル
（出所）　人と防災未来センター資料室提供

　さて，多くの読者は，こうしたマニュアルによって，何かがわかる（できる）ようになったという実感をもつのと同時に，何かがわからなく（できなく）なったという感触をもつことがあるのではないだろうか。卑近なところでは，マニュアルがあるからこそ，筆者のようなパソコン音痴でも「最低限の操作」は可能になっている。しかし他方で，マニュアルやインターフェースの充実と反比例して，「最低限の操作」以外のリテラシーは目に見えて低下する。その結果，即座にマニュアルで対応できること以上のトラブルに直面すると，「申し訳ないが…」と大学院生に来てもらって，見たこともないコマンド（らしきもの）を彼らが操って課題解消に努めてくれるのを端から眺めている他なくなる。

　これとまったく同じことが，防災マニュアルについても生じる。上述の例に則して，しかも事態を極端化して言えば，当該の自治体職員は，氾濫警戒情報がどのような仕組みと論理によってだれによって作りだされているかについてまったく無知であっても，あるいは，避難勧告情報にどのような出来事やアクションが続行するのかについてまったく無関心であっても，このマニュアルに従って自らの業務を確実に遂行しうる。しかし，このとき，この職員は防災について何かをわかっている，あるいは，何かができると言いうるだろうか。そこが，問題である。

（2）　可視化と不可視化

　むろんこれは極端なケースであるし，「だからマニュアルはよろしくない」などと短絡的な結論を引き出したいわけではない。マニュアルによって指定される多くの実践が組織的かつ継起的に生じることによって，多くのことが効率

的に成し遂げられていることはたしかである。その点は十分に前向きに評価されねばならない。ただし，その上で，災害情報に関する研究と実践の領域で，これまであまり重要視されてこなかった以下のことを，ここでは指摘しておきたい。

　それは，マニュアルは——上記の通り，マニュアルは一種の情報なのだから，一般に情報は——何ごとかを表現し知らせてくれるが，それと同時に——いや，ときとしてそれよりも重要な機能として——何については知らなくていいのかも指定している，という事実である。言いかえれば，マニュアルは，可視化と同時に，不可視化も進行させる点に十分留意する必要がある。この意味で，マニュアルがそれ自体の内的な構造としてどの程度論理整合的かとか，それをある種のビジネスツールを用いてビジュアライズ（可視化）したとか，このたびの対応がマニュアル通りだったかどうかとか——この種のことは，本章の立場からすれば枝葉末節である。むしろ，マニュアル通りに事が運んだときこそ，ここで言う可視化と不可視化の構造が見事に再生産されているのだから，十分念入りな再検証が求められると言える。

(3)　参加と非参加

　上で指摘したことを，「マニュアルは人を賢くもするし愚かにもする」という通俗的な主張と同一視してはならない。ここでの焦点は，もう少し関係論的なもので，マニュアルをめぐる人と人との関係性，より正確には，マニュアルというアーティファクト（人工物あるいは道具のこと，詳細は4節(4)項を参照）を媒介として複数の人びとが展開するいくつかの実践の間の関係性にある。すなわち，あるマニュアルが作成・導入されることによって，災害情報に関わる多様な人びと——たとえば，気象の専門家たち，自治体の職員たち，自主防災組織のメンバーたち——の実践がどのように関係づけられ組織化されているか，すなわち，だれに対してどの実践が可視化され，代わりにどの実践は不可視になっているかを見極めることが重要である。

　ここで，「関係性」という用語で表現したかったことを明確にするために，

キーワードをもうひと組導入しよう。それは,「参加／非参加」である。このキーワードを使えば,マニュアルは,ある人物（群）を,ある実践に参加させると同時に,常に,別の実践に対する非参加を強制（少なくとも,推奨ないし誘導）すると言うことができる。さしあたって,参加と可視化が,非参加と不可視化がセットになる（「さしあたって」とは,4節（2）項で「周辺」の概念と関連づけて指摘するように,ある実践に深く「参加」するからこそ,逆説的に「不可視」となる事柄もあるので要注意,との意味である）。上記の例で言えば,先のマニュアルによって,この自治体職員は,おそらく,氾濫警戒情報のみならず,それと関連する注意情報,危険情報などいくつかの情報種別を熟知し,それに応じたふるまいを同僚の職員と共に滞りなく産出できるようになるだろう。それが,このマニュアルが彼に対して可視化し,また参加を促している実践だからである。

　しかし他方で,たとえば,雨量計や水位計,あるいは河川状況の目視などを手がかりに,また,今問題にしているものとは別のマニュアルに依拠しながら氾濫警戒情報を出すための実践,ひいては,雨量計や水位計そのものの精度や設置場所を検討する実践（河川や気象関係の専門家たちが担っている実践）は,彼に対しては不可視になっていく。つまり,このマニュアルは,こうした実践に対しては,彼は非参加でよいとの指令を——第1章の言葉を使えば,メタ・メッセージとして——与えていることになる。

　同様に,たとえば雨の中,車椅子でしか移動できない80歳のおばあちゃんを,指定避難場所に連れて行くのがよいか,それとも自宅2階に待機させるのがよいかについて悩む家族の実践,そのような家族と実際に向きあう自主防災組織のメンバーたちの実践も,まさにこのマニュアルによって彼からはどんどん不可視化になっていく。つまり,この自治体職員にとって,こうした実践も非参加でよい実践として位置づけられるようになっていく。そして,自治体職員と同型のことが,河川の専門家や前例のおばあちゃんやその家族,自主防のメンバーの側にも生じて,それぞれにとって不可視（非参加）となる領域が——可視化される（参加する）領域と共にではあるが——どんどん形成されていく。

（4） 諸実践の結合と分離

このように，マニュアルは，防災・減災にとって不可欠ないくつかの実践を，結合させ関連づけると同時に，分離させ離反させる働きももっている。マニュアルがあるからこそ，河川氾濫に関する専門家の実践（河川や降雨の状況をモニタリングする実践），自治体職員の実践（必要なときに住民に避難を促す実践），実際に避難する人びとの実践—これら3つの実践における「最低限の操作」（パソコンの例で使用した用語）が可視化され，かつ，複数の実践をリンクさせることが容易となっている。しかし他方で，マニュアルがあるからこそ，それぞれの実践が他の実践に従事する人びとから不可視化される。それのみならず，非参加（不可視）でよいという，言わばお墨付きをマニュアルが—再び第1章の用語で言えば，メタ・メッセージを通して—与え，マニュアルがうまく機能すればするほど，この構造が拡大再生産されることになる。

先に例示したパソコンのトラブルの場合，被害の程度は知れている。また，考えようによっては，大学院生に応援に来てもらえた事実は，別の実践（パソコンについて筆者よりはリテラシーが高い人びとの実践）と関係するための最低限のリンク（大学院生）を，筆者自身が何とか確保していたことを示している事例であるとも言える。しかし，本節で例示してきたような河川氾濫に伴う避難の問題についてはどうだろうか。マニュアルによる可視化（参加）に隠れて進行する不可視化（非参加）によって引き起こされる諸実践の分断と蛸壺化の影響はより深刻で，かつ，それがもたらす災いもパソコンの例とは比較にならないほど大きいと言わねばならない。

2　防災マップ／ハザードマップの功罪

（1） マップ（map）からマッピング（mapping）へ

同じことが防災マップ（ないしハザードマップ）についても言える。防災マップに関して，どのような情報をどこまで詳しく盛り込むべきかについては，しばしば議論の対象になっている。しかし，マニュアルに関するこれまでの議

第Ⅰ部　災害情報の理論

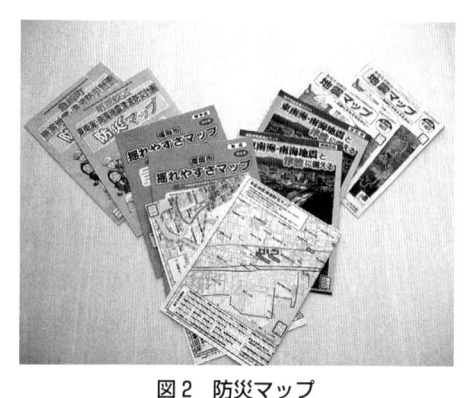

図2　防災マップ
（出所）　人と防災未来センター資料室提供

論を踏まえれば，本当に重要なことは，防災マップの内容だけではないことがわかる。むしろ，防災マップで人びとが何をしているのか，人びとがどのような実践に参加／非参加しているのか，あるいは，防災マップの作成者とユーザーがどのような関係を取り結んでいるのか。これらのポイントの方が，はるかに重要である。言ってみれば，マップそのものよりも，マッピング（防災マップすること）の方が重要である（図2）。

　防災マップで何が行われているのか。この問いに対する紋切り型の回答が，「可視化」である（近年は，「見える化」という用語も使われている）。防災マップは，これまで隠れていた何か，あるいは肉眼では見えにくい何かを見えるようにしているというわけである。この種の考えは誤ってはいないが不十分である。どのような実践のために，だれに対して可視化が行われているのかが，しばしば見逃されているからである。

　たとえば，自治体内の河川について，その氾濫危険箇所や氾濫時の指定避難所の全貌を一望できる防災マップがあるとしよう。このマップは，それがないときに比べれば，たしかにそれまで把握することが困難であった，氾濫災害の「全貌」をよく可視化している。しかし，「全貌」の可視化が意味をなすのは，中央（たとえば，役所の災害対策室）にあって，「全貌」の理解とそれを踏まえた対応・指示（たとえば，限られた対応スタッフや資源の効率的な配置・配分）という実践に取り組まねばならない人たちに対して（のみ）である。つまり，このマップが，「全貌」の鳥瞰図的把握と一元的災害対応という実践と相互に適合的であることはたしかである。しかし，たとえば，多くの一般住民に求められる実践（たとえば，個々の避難行動）にとって，ここで言う

第 2 章　参加を促す災害情報

「全貌」の把握が必要か、あるいは有用かどうか。これは、大いに疑問である。実際、3 節（2）項で示すように、この種の防災マップの利用率や保持率は、著しく低い。その最大の理由は、多くの一般住民が、防災マップを使ってしたいと思っていること——多くの場合、自分や家族の迅速で安全な避難であろう——に、そのマップが適合的でない（役に立たない）からである。

図 3　小学生が描いた興津小学校の防災マップ
（出所）　高知県四万十町立興津小学校提供

（2）　参加の道具としてのマップ

　防災マップやハザードマップには、この種の疑問が生じるものが多い。しかし、もちろん、好ましい例外もある。たとえば、近年、防災関連の書籍としては異例の売り上げとなった「災害時帰宅支援マップ」（昭文社出版編集部, 2011）は、公共交通機関の途絶時に徒歩で帰宅するという、きわめて限定的な実践、しかし、有用な減災実践への参加を多くの人びとに促した点で（たとえば、東日本大震災の際にもそうであった）、有効なマップたりえたと言えるだろう。あるいは、高知県四万十町興津小学校の児童たちが作成した防災マップ（図 3）は、防災マップづくりのプロセス（マッピング）を通して、子どもと大人との関係、保護者（地域住民）と地元自治体との関係、自治体の防災・減災への取り組みを大きく変え、児童たちが当初マップに書き入れた「危険な保育所」が高所に移転するなどの現実的成果を生んだ（矢守, 2009）。このマップは、何よりも、地域社会の防災・減災や、それに取り組む人びとの関係性を変えるマップとして機能したのである。

　要するに、防災マップの意義は、それまで防災・減災の実践に関わっていなかった人びとの参加を促したり、相互の連携に欠けていた関係者間の交流を支

37

援したりするための道具として，マッピング（防災マップすること）を支える点にこそある。特に，防災・減災の専門家や実務家と一般の人びととの交流を支援する働きは重要である。ここで，防災マップについては，反対方向を向いた2つの批判があることを想起してみることが有用だろう。第1の批判とは，上で「全貌」の可視化という事例を通して例示したようなタイプの批判である。つまり，専門家や実務担当者による事態の「全貌」の中央での把握やコントロールを中心とする実践と連動した防災マップの多くは，一般の人びとには有用ではないという批判である。第2は，逆に，専門家による助言や校閲を経ずに主に地域住民が作成した手作り防災マップや住民参加型のマップづくりには，防災上の落とし穴があるという批判である（たとえば，牛山（2008））。

　両者は，共に正しい。ある時点で，専門家のみが可視化しえているハザードもある。逆に，一般の人びとのみがマップに記入しうる情報もある。だからこそ，防災マップを，すでにそこにある知識や情報の表現（可視化）や伝達のための道具としてではなく，これらを持ち寄り，多様な関係者の実践を統合し共同的実践（マッピング＝共に防災マップすること）への参加を継続的に促すための道具として位置づけることが大切なのである。

　このようなマッピングのプロセスを欠くとき，防災マップはまったく見向きもされないか（3節（2）項を参照），あるいは，より深刻な展開として，人びとの間に特定のリスクイメージを固着させるケースが生じる。たとえば，片田（2012）が岩手県釜石市の事例を通して，畑村（2012）が同県大槌町の事例を通して紹介しているように，東日本大震災では，津波ハザードマップが浸水想定区域外とした地域で，区域内と同様に多くの人びとが犠牲になる事態が生じた。津波ハザードマップは，地震や津波の規模，防潮施設の質量や津波来襲直前の健全性など，多様な要因について専門家が検討し，ほとんど無限に想定しうるシナリオから，通常わずか一つの（よくて，代表的な少数の）ケースが可視化された結果に過ぎない。この事実（マップづくりのプロセス）がすべてスキップされ，専門家と非専門家の相互参加的な実践を欠いたままマップだけが一人歩きした結果として，想定区域外で多くの方が犠牲になったと指摘されて

いるわけである。

3　災害情報のパラドックス

(1)　伝統的な災害情報観

　先行の2つの節の議論を踏まえると，本書の主題である災害情報の働きや活用法について，これまでとは異なる理解を得ることができる。

　この点に関する従来の常識的な理解は，次のようなものであろう。災害現象や防災実践について十分に知らない人びとが多数存在し，そのことが被害軽減を妨げている。そこで，それについて十分に知った人びと（典型的には災害や防災の専門家）が必要十分な災害情報を提供することによって，知らない人びとの防災教育にあたり，それをもって被害軽減につなげよう―このような理解である。災害情報を使った知識・技能伝達，意識啓発のプロセス，すなわち，防災教育こそが重要だとの理解である。この理解については，そのための手法の違い（たとえば，講義中心か，ワークショップか），情報媒体の違い（たとえば，紙か，電子媒体か，はたまた実物か），あるいは場所の違い（たとえば，学校か，家庭か）など，細部に関する強調点の違いはあっても，この構図そのものの有効性や妥当性は，これまで当然のように自明視されてきた。また，この傾向は，「防災教育が重要だ」の大合唱を見てもわかるように，東日本大震災後，ますます加速する傾向にある（たとえば，東日本大震災を受けた防災教育・防災管理等に関する有識者会議，2012）。

(2)　埋まらない「格差」

　しかし，筆者は，このような理解にこそ，災害情報やその伝達・普及をめぐる問題点の根源が潜んでいるように感じる。上の理解は，災害情報をもつ者ともたない者との間に，保有する知識や技術の質量の「格差」があることを前提にしている。その上で，伝統的な災害情報観あるいは防災教育観は，「格差」の縮小が重要であると見なす。この点は筆者も同感なのだが，問題は，この

「格差」が近年埋まってきたようには思われないという点，および，その原因は何かという点である。

まず，「格差」の現状についておさえておこう。防災教育や災害リスク・コミュニケーションなど，「格差」縮小のための努力にもかかわらず，多くの読者は，「格差」は，近年むしろ拡大しているとの印象をもっているのではないだろうか。ここでは，そのことを2つの具体的な事例を通して示しておきたい。

第1の事例は，津波避難の事例である。具体的には，津波災害の恐ろしさを伝える大量の情報や迅速避難の必要性を訴える精力的なキャンペーンにもかかわらず，専門家や防災担当者と住民の意識「格差」が埋まらず，なかなか改善へと向かわない避難率という課題である。たしかに，東日本大震災では，他の津波避難事例と比べて相対的に多くの方が迅速に避難を行ったと言える。たとえば，岩手県，宮城県，福島県の沿岸地域で県内避難をされた被災者870名を対象に国が行った調査によると（中央防災会議，2011），地震後すぐに避難した人の割合は59％に上っていた。ただし，主な避難のきっかけは「大きな揺れ」（48％，きっかけの1位）であり「災害情報」（16％，同3位）を大きく上回ること，および，「揺れたらすぐ避難」という考え（第1章，第4章でも登場する「津波てんでんこ」）の存在を踏まえれば，特に緊急時の災害情報による避難率の押し上げ効果は，それほど大きくないと見るべきであろう。

さらに，主に，マスメディアや行政機関が発信する災害情報が避難行動を規定したと思われる東北以外の地域で，避難率が非常に低かったことも見逃せない（第1章4節で指摘した「情報待ち」の問題も参照）。たとえば，避難率は，静岡県1.8％，和歌山県2.4％，高知県5.9％などとなっている。こうした地域にも，むろん大津波警報は発令されていた。しかも，これらの県は，南海トラフの巨大地震による津波襲来が危惧されている地域である。それにもかかわらず，こうした低い数値にとどまった。すなわち，全国的に見れば，東日本大震災のときですら，「情報を得ても避難しない」傾向は根強く，全国的な平均像としては，避難する人の方がむしろ「少数派」だったのである。

東日本大震災以前の事例では，この傾向，つまり，「情報を得ても避難しな

い」傾向はいっそう顕著である。もちろん，上記の東日本大震災における東北三県における状況や半数以上の住民が避難したと報告されている十勝沖地震・津波（2003年）など例外はあるが，紀伊半島南東沖地震・津波（2004年），オホーツク海沿岸津波（2006年と2007年），チリ遠地津波（2010年）などのいずれにおいても，災害情報が伝達されたにもかかわらず避難率はおしなべて低調で，数パーセント程度であったケースも多数報告されている（たとえば，牛山・今村（2004），片田・児玉・桑沢・越村（2005），廣井・中村・福田・中森・関谷・三上・松尾・宇田川（2005），河田（2006），黒田（2008），片田・村澤（2009），吉井・中村・中森・地引（2009），毎日新聞社（2010），朝日新聞社（2010））。（ただし，牛山（2010）が指摘するように，独自に高所などに移動した住民も存在し，公表された数値がそのまま避難率とはならない可能性もある。）

　「格差」の拡大傾向を示す第2の事例は，前節でとりあげた防災マップ（ハザードマップ）をめぐるデータである。静岡大学防災総合センター牛山研究室など（2009）が行った調査によれば，全国の自治体が発行する洪水および土砂災害に関するハザードマップのうち，2000年以前に初版が発行されたものは全体の1割にも満たないのに対して，2000年代に大幅な増加が見られ，特に2006年以降は毎年150前後の市町村がハザードマップを発行している。これには，2001年，2005年と相次いだ水防法の改正によって，市町村がハザードマップ作成・公表を要請されるようになったことが影響している。すなわち，特に2000年代以降，ハザードマップという形式をとった災害情報が，少なくとも表面上は急速に社会に広まったことになる。

　ところが，防災マップ（ハザードマップ）の保管率や利用率は非常に心許ない。ここではいちいち具体的な数値は示さないが，配布されたマップを「保管して利用している（あるいは，特定の災害時に役立てた）」とする回答を示す人の割合は，多くの調査において「少数派」にとどまり，数パーセント程度というケースも多い（たとえば，日本損害保険協会（2003），牛山・小山・村越・林・長谷川（2009），宍粟市（2009））。マップを作成し配布する側の意図や思いと，それを受けとる側の意識との間には，相当程度大きな「格差」が存在している

と言えるだろう。

　以上２つの事例紹介で用いた「少数派」や「数パーセント」という表現は，強い言い方をすれば，情報によって避難を開始する人びとや防災マップを日常的に利用する人というのは，むしろ少数派に近いことを示している。言い方を変えれば，避難率が，たとえばおしなべて85％程度であったり，ハザードマップの利用率が平均すると75％であったりというのであれば，これまでの防災教育の不徹底や災害情報の提供不足が課題だとの主張も正統化されよう。そうであれば，残余の少数派（上例ではそれぞれ15％，25％の人びと）をも巻き込むべく，これまでの方向性を（微）修正していけば済む話である。しかし，残念なことに，現実には，「少数派」，「数パーセント」である。適切に災害情報を活用していると考えうる人びとは，あとわずかで100％に至らないどころか，多数派ですらなく，むしろ少数派である。このことを示すこれらの数値群は，これまでの路線に何か根本的な見込み違いや誤解がはらまれているのではないか，このように疑ってかかるのに十分だと筆者には思われる。

（3）　格差対策が「格差」を生む

　では，その根本的な見込み違いとは，何か。それは，次のセリフを検討することで見えてくる。「格差」が埋まらないこと，むしろ近年拡大しているように見えることに対して，「これだけ専門家や行政は努力しているのに」，「災害情報の質量や迅速性は近年格段にアップしているのに」，「特に，阪神・淡路大震災，東日本大震災以降，防災教育も盛んになってきたのに」──これまで，こうしたセリフ（理解）が提示されてきた。しかし，前項での考察は，上記の「…なのに」は，「…だから」に置き換える必要があることを示唆している。この種の試みに関与してきた者の一人として筆者自身戸惑いを感じるし，かつ，一見前途の希望がなくなるような指摘ではあるが，われわれはこのことを虚心坦懐に見つめる必要があるのではないか。すなわち，「格差」を埋めるための努力が，実は「格差」の原因だったのかもしれないという事実である。

　たしかに，防災マニュアルや防災マップの作成とそれらを普及させる作業は，

ここで言う「格差」を埋めることを目標とした作業である。しかし、これまで見てきたように、まさにこの努力が、マニュアルやマップを活用する人びとに対して、何ごとかを可視化する（参加を促す）と同時に、いやそれ以上に、不可視化（非参加）を助長する場合がある。この結果として、「格差」を埋めるための努力（可視化・参加へ向けた努力）、まさにそれこそが原因となって「格差」を拡大させていた（不可視化・非参加を生んでいた）可能性がある。このように考えない限り—喩えて言えば、服用していた薬が当の症状の原因（の一つ）であったと考えない限り—、「少数派」や「数パーセント」という冷徹な現実は説明困難だと筆者には思われる。

　以上の指摘は、意外なものに響くかもしれない。しかし、これは、けっして奇をてらった主張ではなく、むしろ現実的課題の表面をなぞるのではなく深層に迫る鍵だと、筆者は考えている。つまり、災害情報をめぐる「格差」が、参加・可視化の陰で同時進行してしまう非参加と不可視化のメカニズムに由来する一面があること、および、このメカニズムに正面から向き合うことこそが、災害情報や防災教育を根底から問い直すことになると思われる。「情報待ち」、「行政・専門家依存」、「客観的な災害情報（観）」の過度な追求という3つの課題を素材に、これら3つの課題を拡大再生産するロジックとしての「ダブル・バインド」について論じた第1章の考察も、ここでの指摘と完全に同じ方向を向いたものである。また、人びとの「安全・安心」のために、災害をめぐるcura（気遣い）を災害の専門家が担おうとすることが、かえって「安全・安心」を揺るがせているとの考察（第3章）も、同様である。

4　正統的周辺参加——「参加」の理論

　これまでの議論からわかるように、問題解決の鍵となるのは、防災マニュアルや防災マップに何を書き入れるか（内容）ではない。そうではなく、マニュアルやマップによって、防災・減災の実践に携わる関係者の間に、専門家対非専門家といった分断の構造（相互に不可視／非参加）を生むのではなく、マ

ニュアルやマップなどのアーティファクト（人工物・道具）を媒介にして，多様な関係者を包括・統合した共同的な実践（相互に可視／相互に参加）を組織化し，共同的実践への参加を継続的に促すための仕組みをいかに醸成するか，が重要である。

こうした「参加」に関わる問題をきわめて適切に表現・整理できる理論が存在する。レイヴとウェンガー（レイヴ＆ウェンガー（1993），伊藤・藤本・川俣・鹿嶋・山内・保坂・城間・佐藤（2004），上野・ソーヤー（2006）などを参照）が提唱した正統的周辺参加理論である。本節では，まず，本理論の理解を助けると思われる事例を災害情報や防災教育に関するエピソードから3つ紹介し（1項），次いで同理論の基本概念を整理し（2項），災害情報について学び，教えることの意味を位置づけ（3項），最後に，上で検討してきたマニュアルや防災マップの意味（4項）を，本理論の観点から再定位する。

（1） 3つの実践事例

第1の事例は，兵庫県立舞子高校環境防災科における防災教育の事例である。同科は，阪神・淡路大震災（1995年）をうけて2001年に設立され，一昨年（2011年），設立10周年を迎えた。この間，同科を一貫してリードしてきた学科長の諏訪清二氏は，ことあるごとに次のように発言している。「私は英語の教師であり防災については無知です。だから，防災のプロや地域で防災にとりくんでいる人と生徒たちとのネットワークを重視してきました」（矢守・諏訪・舩木，2007）。この基本姿勢のもと，同科では，従来から見られた，防災に関する知識やスキルを学校で身につける学習から，地域防災実践のサポートや被災地支援のための教育・学習へと舵を切った。実際，生徒が地元の小学校の防災教育の講師を担当したり，被災地でのボランティア活動や被災校との長期的な交流を図ったりしている（諏訪，2011）。

第2の事例は，ウェザーニュースが展開している「雨プロジェクト」をはじめとする数々の気象観測と災害情報共有のための取り組みである。ウェザーニュース（2009）およびアスペクト編集部（2010）によれば，「『雨プロジェク

ト』は，今年で5年目を迎え，昨年は雨雲の"位置"および"勢力"を一般の方と共に観測，その情報をリアルタイムに反映し，より細かい時間単位での気象予測を試みる『10分天気予報』を展開しました。今年の『雨プロジェクト』は実態を掴むことが難しいとされる梅雨前線を正確に捉えるため，その地域に住む人にしか感じない"気象感性"の情報を集約し，これからの天気や梅雨前線の正確な勢力，位置を捉え，その情報を逸早く利用者と共有することに挑みます」。このプロジェクトにメンバーとして登録した「全国4万人のウェザーリポーター」（2012年には30万人に達したとされる）による「観測」ならぬ「感測」の結果（雲の様子，雨の降り方などに関する報告）が，専門機関が取得した災害情報（同社の独自観測情報や他組織が公表している観測情報）と組み合わされた産物として，同社の災害情報は生まれる。

　第3の事例は，2009年，兵庫県南部で起きた豪雨災害を契機に，同県佐用町や宍粟市でスタートした取り組みである。「防災モニター」，「まるごとまちごとハザードマップ」と呼ばれている。この試みでは，上記の豪雨で氾濫し大きな被害を出した河川を対象に，氾濫監視上重要となる地点で，かつ専門機関や行政の水位計や監視が行き届かない箇所に水位標識を書き込む（堤防の法面など物理的環境に直接表示するという意味で「まるごとまちごと」と呼ばれている）。その上で，近隣住民から選ばれた「防災モニター」が，増水時には，その標識をてがかりとして水位情報を読みとり，河川状況と共に行政機関に伝達する仕組みである（佐用町台風第9号災害検証委員会，2010；局地的豪雨による被害軽減方策検討会，2011）。なお，同種の取り組みは，兵庫県下における「洪水モニター」制度など，他にも存在する（田村（2010）を参照）。

　これら3つの事例に共通して見られる特徴は，これまで，防災・減災実践の当事者であるとされながら―ほとんどすべての防災の教科書や実務書は，防災活動の究極の目標は人びとの生命や財産を守ることとしている―，防災実践の主要な参与者となりえていなかった一般の人びと（上例では，高校生，ウェザーリポーター，防災モニター）が，ホンモノの防災・減災実践に参加していることである。つまり，一般の人びとが，ホンモノの防災・減災実践（災害情

報の生産者や送り手）の一翼を担っている点が，これら3つの事例の共通点である。

　ここで大変重要なことは，これらの事例が，たとえば，「受け手に配慮した災害情報の伝達が大切だ」とか，「専門家による一方向の講義だけでなく，住民も参加した防災マップづくりなど参加的訓練が大切だ」とかいった主張とは，一線を画しているという点である。ここで試みられていることは，専門家と非専門家をつなぐために特別に設えられた，言わば「まがいもの」のリスク・コミュニケーション（わかりやすくお伝えすること）ではない。そうではなく，3つの事例が実現しようとしているのは，人びとをホンモノの防災・減災実践の一部へと巻き込んでしまうことである。

　たとえば，舞子高校環境防災科の高校生は，防災教育や災害ボランティアの練習をしているのではなく，本当に小学校で小学生に防災について教えている（専門家の指導・助言を得ながらであるが）。また，ウェザーリポーターの情報は実際にウェザーニュースの公式の災害情報に活用されている（上述の通り，専門機関が収集した情報と組み合わされてであるが）。さらに，防災モニターが報告する河川水位情報は，現実に行政の避難勧告・指示発令の意思決定のための素材となっている（行政が自力で収集する災害情報と合わせてであるが）。要するに，3つの事例では共通して，防災の専門家，行政職員，地域住民，高校生など，多様な人びとが——それぞれ独自の形態を通じてではあるが——同じホンモノの防災実践に参加し，「共にコト（ホンモノの実践）をなしている」（佐伯，1993）。

　それに対して，従来から存在する，俗に「ユーザーフレンドリーな」と形容されるリスク・コミュニケーションや参加型防災訓練では，専門家が防災・減災に関するコトをなす舞台（調査・研究や防災行政）と，一般の人びと（非専門家）がその成果を受けて生活する舞台（日常の暮らし）とは，相変わらず截然と分かれていて，両者をオーバーラップさせようとする指向性に欠ける場合も多い。従来型の試みと，ここで取り上げた3つの事例は共に，看板に，「参加」，「共同」，「双方向」といった用語を掲げていることが多いので，そのちが

いを見極めにくい。しかし，ホンモノの実践に関わり，「共にコトをなしている」かどうかという点に照らしたとき，両者は明確に区別されなければならない。

(2) 正統的周辺参加理論——基本概念の整理

　実践共同体への正統的周辺参加理論は，一言で言えば，学習（学ぶこと）の本質を実践共同体への正統的周辺参加にある，と考える理論である。

　基本用語を定義しておこう。「実践共同体」とは，「ある一つの実践に関与する人びとのまとまり」（伊藤ら，2004, p.85）のことである。これは，上で使った表現を用いれば，共にコト（ホンモノの実践）をなしている人びとの集まりということである。なお，同理論に従えば，本来は，人間のみならずアーティファクト（道具などのモノ）も実践共同体の構成要素と考えるべきである。しかし，ここでは簡略化して，人間の集まりとしてとらえておく。

　また，実践共同体とは，たとえば，舞子高校とか，佐用町とか，気象庁とかいった制度的に認定された共同体，組織体と一致するわけではない。たとえば，同じ組織体に属する人びとでも，「共にコトをなしている」と言えるのはせいぜいその下部組織のメンバーだということもある。反対に，ある一つの実践が，制度的にはまったく異なる共同体のメンバーたちによって担われることも，いくらでもある。要するに，組織体や共同体の制度的境界線が実践共同体を規定するのではなく，あくまでも実践（コト）が実践共同体を定義する。

　「正統的周辺参加」とは，ホンモノの実践に，複数の，多様な，しかも，ときとともに変化する関わりを有することである。まず，「正統的」という用語には，「ホンモノ」が対応する。正確に記せば，自らがホンモノの実践をなす実践共同体の一翼であり，かつそのことを自他共に認めている状態が，「正統的」という言葉で表現されている。

　次に，「周辺」である。「周辺」の理解が，本理論の理解の鍵になる。「周辺」は，上記の「複数の」，「多様な」に対応する。つまり，「周辺」とは，「中心」の反対概念ではない。なぜなら，「中心」と言った途端に，実践共同体に「個

人の居場所に関しての中心（物理的にせよ，政治的にせよ，比喩的にせよ）が一つあることになってしまう」（レイヴ＆ウェンガー，1993, p.12）からである。このように理解してしまうと，たとえば，次のような，よくある誤解が生じる。当初，実践共同体の辺縁部で周辺的な関わりしかもたなかった新参者（弟子／非専門家）も，やがて，その中心部へ移行していき，その共同体における中心的人物（師匠／専門家）になる（べきである）。これが学習ということだ。このような誤解である。しかし，（1）項で述べた事例を引けば，舞子高校の高校生（卒業生）が全員，防災の専門家へと成長していくことが期待されているわけではないし，実際そうはなっていない。しかし，だからと言って，同科の防災教育の価値が下がるわけではない。

　つまり，「正統的周辺参加」においては，「周辺」的な参加者が，常に「中心」へ向かっていくと想定されているわけではないし，また，そうあるべきだと期待されているわけでもない。肝心なことは，実践共同体で「共にコトをなしている」とき，「周辺」が「中心」に対して価値が低いわけではない点をよく理解することである。むしろ反対である。「周辺」（新参者，非専門家）には，「中心」（熟練者，専門家）とは異なる固有の価値がある。そのことをレイヴは，「建設的にナイーブな見通しや疑問」（レイヴ＆ウェンガー，1993, p.104）を呈することに果たす「周辺」の役割に注目して主張する。

　あらゆる実践共同体は，当該の実践の進捗とともに，その内部に「グラスボックス」（参加者からよく見えている可視化された領域，想定に入っている領域，「文化的に透明な領域」）を，その外部に「ブラックボックス」（参加者から見えていない非可視の領域，想定していない領域，「文化的に非透明な領域」）を生む（レイヴ＆ウェンガー，1993, p.85）。そして実践の深化・発展とともに（退歩・衰退ではない点に注意），このコントラストはますます大きくなっていく。このことは，1節の最後に指摘した通り，近年問題視されている専門家と非専門家の断絶や専門分野の蛸壺化が，各専門領域が深化・発展すればするほど著しくなりがちであることに対応している。このとき，ある実践共同体の「周辺」にいる者，すなわち，周辺的な参加者は，より中心的に当該の実践共同体

に参加している者には見えていない領域，すなわち，彼らが想定していない領域に対して，「建設的にナイーブな見通しや疑問」を呈するポテンシャルを有している。レイヴらは，こう主張しているわけである。

　同じことは，「ナレッジブローカー」(伊藤ら，2004, p.134) という用語でも表現できる。「ナレッジブローカー」とは，「共にコトをなしている」者たちの実践の守備範囲（境界）を越えて移動する者，しかも，これら境界で行われている実践の意味を知っている者のことである。「境界」とはまさに「周辺」のことである。(1)項の事例で言えば，たとえば，舞子高校環境防災科の高校生たちは，ごく普通の高校生と災害救援のプロ集団との「境界」にある（たとえば，既存の災害 NGO と共に東日本大震災の被災地で支援活動を行っているのだから）。また，ウェザーリポーターたちは，ごく普通の日常を生きている大多数の市民と気象予報の専門家集団との「境界」にある（半ば素人であり，半ば気象観測従事者なのだから）。「防災モニター」も，一般の地域住民と市役所や町役場の防災担当者との「境界」にある（一般住民でありながら，河川水位監視の役割を担っているのだから）。

　もちろん，先に，組織体の下部組織と記した箇所で示唆したように，実践共同体は，社会に一つだけ，あるいは，単層的に存在しているわけではない。実践共同体は，多種多様な複数のそれが相互に関係をもちながら，また何層にも折り重なって存在している。したがって，ある実践共同体に中心的に参加している者が別の共同体には周辺的に参加しているというケースは，いくらでもある。よって，その「周辺性」に負うて，ある実践共同体に「建設的にナイーブな見通しや疑問」を提供しえた人物が，別の実践共同体では，むしろ逆に，グラスボックスのまっ直中にあって，それと相即的に生じているブラックボックス（想定外）にまったく気づいていない，というケースも当然生じうる。だからこそ，レイヴは，次のように言う。「すべての人の参加はなんらかの意味で正統的で周辺的なのである」(レイヴ&ウェンガー，1993, p.105)。

　最後に，「参加」である。参加は，文字通り，共になされているコト（実践）へ関わりのことである。ここで肝心なことは，何に「参加」しているかである。

それが訓練のための訓練であったり（つまり，ホンモノの災害対応への参加が閉ざされていたり），あるいは，教室の中だけで閉じてしまう教育であったり（つまり，ホンモノの防災実践への参加の見通しがついていなかったり）するならば，それらの試みが，いかに「参加・参画・共同」を看板に掲げていたとしても，それは，「正統的周辺参加」にいうところの「参加」にはなっていないと見なすべきである。

（3） 防災学習＝共にコト（実践）をなすこと

　正統的周辺参加理論は，もともと，学習（したがって，教育）に関する理論である。本理論は，学習（学ぶこと），あるいは教育（教えること）を，従来の考え—人から人へ，つまり，教授者から学習者へと知識や技能が移転することを学習や教育だと理解する考え—から解き放ち，次のように主張する。学習とは，「共にコトをなしている」人びとのまとまりに参加することである。すなわち，学習とは，実践共同体に正統的周辺参加することだととらえるわけである。そして，その際，学習の鍵となる要素として，従来の知識・技能の個人間移転と共に（だから，レイヴらも学習のこの側面をまったく無視するわけではない），学習者のアイデンティティの生成・変化，実践共同体の維持・変容の2つを追加する。

　レイヴらの言うアイデンティティは，独特の意味をもっている。すなわち，それは，個人の性格（パーソナリティ）や自我同一性という狭い意味ではない。それは，もっと広義の概念で，一言で言えば，実践共同体で当人が占める役割・立場，位置づけのことである。研究室という実践共同体（ある研究という「コトを共になしている」人びとの集まり）に即してわかりやすく例示すれば，以下のようなことである。新参者の学生が「一人前」の学生になっていくプロセス（研究者になるための学習のプロセス）とは，当該研究室における研究内容（知識・技術）を習得することだけではない。それと共に重要なことは，—サボリだけどたまに鋭いことを言う修士（という位置づけ）であれ，何ごとにも手堅く実務を担ってくれる研究員（という位置づけ）であれ—研究室（実践共

同体）の中で自他共に認める，しかるべきアイデンティティが確立され変化していくことであり，これがアイデンティティの生成・変化ということである。そして，このこと，つまり，「共にコトをなしていく」共同体の一員になることを，学習の重要な要素の一つだと考えるわけである。

　さらに，当然のことながら，ある個人（共同体メンバー）に定位したときに認められる，このアイデンティティの生成や変化は，実践共同体全体の変容を喚起せざるをえない。たとえば，「わけのわからない院生」というアイデンティティが確立されるような個人が新しく研究室に参入してきたとき，当該の研究室（実践共同体）は，その新参者がもつ強力な「周辺」性に力を得て，これまでの研究活動の大幅な革新へと向かうかもしれない（先述したように）。逆に，その攪乱に堪えきれずに研究室（正確には，研究室を中心に展開されていた実践）そのものが崩壊してしまうかもしれない。

　ここまで極端なケースには至らないとしても，メンバーのアイデンティティの変化と実践共同体全体の変容は，多かれ少なかれ連動しており，後者の変容も，教育や学習という営みの一部だと考える点に，正統的周辺参加理論の独自性はある。すなわち，レイヴらが言う学習や教育とは，実践共同体内における（その時点での）学習者─教授者間の知識・技術移転の側面をはるかに越え，共同体の参加者たちのアイデンティティの変容，それと連動して生じる実践共同体の総体的変化までを包含する非常に広義の概念であることに注意しなければならない。この意味で，正統的周辺参加理論では，ホンモノの実践への参加を重視するのである。

　この観点に立ったとき，災害情報や防災教育を眺めるスタンスも当然大きな変化を受ける。もはや，それを，単純に，防災の専門家から非専門家への知識・技術移転──それが専門家の講話などの伝統的な手段によるものであれ，昨今はやりの参加型のユーザーフレンドリーなスタイルをとったものであれ──と見なすことはできない。実際，（1）項であげた3つの事例はいずれも，この種の知識・技術移転よりここで論じているアイデンティティの変化と実践共同体自身の変容を伴っている点で，非常に特徴的である。ふたたび，舞子高校環境

防災科の防災教育を例にとろう。その最大の眼目は、諏訪氏自身が「サバイバーとなる教育」から「サポーターとなる教育へ」（矢守ら，2007）というキャッチフレーズで表現しているように、高校生たちのアイデンティティを変えることにこそあると解釈できる。つまり、それまで、学校でもっぱら自分の安全をまもるための知識や教育を専門家から教わるというアイデンティティ（言いかえれば、ホンモノの防災実践をなす実践共同体には「非参加」というアイデンティティ）しかもっていなかった高校生たちを、形はどうあれ、防災という「コトを共になす」人びとの一員へと変貌させたのである。

　かつ、高校生が地域社会での防災活動に参加するようになったことは、地域防災という「コトを共になしている」実践共同体そのものを変容させてもいる。たとえば、地域の防災訓練に、地元の自主防災組織のメンバーと一部の地域住民だけが参加していた地域社会と、そこに高校生たちが定常的に参加するようになった地域社会とを比較してみればよい。両者が、「共にコトをなしている」人びとの集まりという点で、大きなちがいを有していることは明らかである。これは、単に実践共同体のメンバーのメンバーシップが変わったということではない。たとえば、高校生が参加する前と後とでは、自主防災組織のメンバーの実践共同体における役割や立ち位置も、多かれ少なかれ変化するはずで、実践共同体の機能や内部構造が全体として変容するはずである。

　舞子高校の事例を用いて上で説明したのとまったく同じことが、ウェザーリポーターや防災モニターの事例でも起きていることも明らかであろう。

（4）アーティファクト（人工物・道具）が果たす役割

　これまで述べてきたことを、「共にコトをなすこと」、すなわち「ホンモノの実践」に果たすアーティファクト（人工物・モノ）に注目して表現することもできる。実践共同体で、実践がなされるとき、つまり、「共にコトがなされる」とき、そこに関与するのは人だけではない。実践には、数多くのアーティファクトが関わっている（本節（2）項冒頭を参照）。防災の分野でわかりやすいのは、各種の道具や機器（たとえば、観測機器、救助道具など）であるが、本章で扱っ

てきた防災マニュアルや防災マップなども，もちろんアーティファクトの一種である。

本章では，これまで，マニュアルや防災マップについて，重要なことはその内容よりも，むしろ，これらの道具を通じて関係者が何をしているのか，および，どのような関係性を構築しているかだと論じてきた。まったく同じ趣旨のことを，伊藤ら（2004, p.130）は，次のように表現している。「人工物そのものをデザインするのではなく，実践を共有するための出入り口を作ったり，他の共同体への正統的周辺参加の機会を設けたりするなど，実践に対する人びとの関与の仕方をデザインすることが必要なのである」。なぜなら，防災マニュアルが「想定外」に対して無力なのも，防災（ハザード）マップがかえって安心情報を提供してしまう課題も，マニュアルやマップが，関係者（防災の専門家や行政機関の人びとと地域住民）の防災実践に対する独自の関与を促し，また，関係者をつなぐ触媒の役割を果たしていないからである。言いかえれば，たとえ，専門家の見地からどんなに精緻にマニュアルやマップがデザインされていたとしても，それが，専門家たちがなしているコト（研究や調査）を可視化し，その見地のみから災害情報を表現・伝達する道具にとどまっている限り，多様な関係者が「共にコトをなす」ための実践共同体は成立しない。

正統的周辺参加理論に，「バウンダリーオブジェクト（境界するモノ）」（伊藤ら，2004, p.106）という概念がある。これは，（2）項で述べた「ナレッジブローカー」に対応する。すなわち，ナレッジブローカーは，実践共同体の周辺（境界）に位置しているからこそ，実践共同体に対して「建設的にナイーブな見通しや疑問」を呈しうるのであった。このようなナレッジブローカーを誕生させるようなアーティファクト，ナレッジブローカーの機能を支援するようなアーティファクトこそが，バウンダリーオブジェクトである。たとえば，筆者らが開発した防災ゲーム「クロスロード」（第1章6節(2)項，第8章5節(1)項参照，詳しくは，矢守・吉川・網代（2005））も，ここで言うバウンダリーオブジェクトとして機能していると考えられる。少数意見を意図的にハイライトすることを狙ったルールをもつ「クロスロード」は，その中で，防災実践に関

する相容れない複数の事実認識や，態度・価値の間の矛盾と葛藤が可視化され，参加者が多様な見方や思考をぶつけ合う場，言いかえれば，参加者が相互にナレッジブローカーとして機能し合う場となることを目指しているからである。

　最後に，アーティファクトは，現時点における実践を支えるのみならず，それを通じて，一つの実践の遺産（過去の実践やアーティファクト）を引き継いできている点に注意を促しておこう（レイヴ＆ウェンガー，1993，p.84）。たとえば，畑村（2011）が技術の世界における「カエルのしっぽ」という用語で表現しているように，過去において大切にされていた技術が，現在のアーティファクト（機械や装置）に，その直接的な有用性を失いながらも，形をとどめていることがある。これは，実践の中でアーティファクトを使いこなすことは，「道具（アーティファクト）の使い方を学習すること以上のこと…（中略）…実践の歴史と結びつくことであり，その文化での生き方に直接的に参加すること」（レイヴ＆ウェンガー，1993，pp.84-85）であることを示唆している。

　なぜ，このようなことが重要なのか。それは，こうした歴史的経緯を知らないこと（現時点におけるアーティファクトの操作法にしか習熟しておらず，それがなぜそのような形態をしており，なぜそのような操作を行うことになったのかに関する過去の実践を知らないこと）が，たとえば，原発事故など重大事故の原因として指摘されているからである（高木，2000）。あるいは，上例に即して言えば，現存の防災マップには，過去から現在へと至るハザード予測技術の進歩（逆に限界も）が反映されている。そうした経緯の一切合切を知ることがなければ，一般住民にとって，防災マップは半ば「ブラックボックス」（（2）項）である。アーティファクトは現在の実践を支えているのみならず，現在の実践と過去の実践とを結びつけている。

　この点は，たとえば，巨大な防潮堤でも津波ハザードマップでも，まったく同様である。それらは，その中に溶け込んでいる過去の実践と共に受けとられねばならない。過去の災害に学ぶことの重要性が特に強調されている今日だからこそ，この事実—アーティファクトは，過去の実践と現在の実践とを結びつける媒介物でもあるという事実—を十分に意識した防災実践の展開とアーティ

ファクトのデザインが求められている。なお，この点について詳しくは，災害史について論じた第7章で扱っている痕跡・景観，モニュメント（慰霊碑）の役割に関する考察も参照されたい。

〈文　献〉

朝日新聞社（2010）チリ津波，避難3.8％——専門家，「予断」に警鐘　朝日新聞（2010年3月9日付）

アスペクト編集部（編）（2010）ウェザーリポーターのためのソラヨミハンドブック　アスペクト

中央防災会議（2011）東北地方太平洋沖地震を教訓とした地震・津波対策に関する専門調査会報告参考図表集　[http://www.bousai.go.jp/kaigirep/chousakai/tohokukyokun/pdf/sankou.pdf]

畑村洋太郎（2011）未曾有と想定外　講談社現代新書

畑村洋太郎（2012）「失敗学」から見た東日本大震災　藤森立男・矢守克也（編）復興と支援の災害心理学　福村出版　pp. 282-302.

東日本大震災を受けた防災教育・防災管理等に関する有識者会議（2012）同会議最終報告書　[http://www.mext.go.jp/b_menu/shingi/chousa/sports/012/toushin/_icsFiles/afieldfile/2012/07/31/1324017_01.pdf]

廣井脩・中村功・福田充・中森広道・関谷直也・三上俊治・松尾一郎・宇田川真之（2005）2003年十勝沖地震における津波避難行動——住民聞き取り調査を中心に　東京大学大学院情報学環情報学研究．調査研究編，**23**，1-162.

伊藤崇・藤本愉・川俣智路・鹿嶋桃子・山内雄・保坂和貴・城間祥子・佐藤公治（2004）状況論的学習観における「文化的透明性」概念について——Wengerの学院論文とそこから示唆されること　北海道大学大学院教育学研究科紀要，**93**，81-157.

片田敏孝（2012）人が死なない防災　集英社

片田敏孝・児玉真・桑沢敬行・越村俊一（2005）住民の避難行動にみる津波防災の現状と課題——2003年宮城県沖の地震・気仙沼市民意識調査から　土木学会論文集，**789**/Ⅱ-71，93-104.

片田敏孝・村澤直樹（2009）遠地津波に対する行政と住民の対応に関わる現状と課題　災害情報，**7**，94-103.

河田惠昭（2006）スーパー都市災害から生き残る　新潮社
黒田洋司（2008）津波と市町村が直面する問題　吉井博明・田中淳（編）　災害危機管理論入門　弘文堂　pp. 50-54.
局地的豪雨による被害軽減方策検討会（2011）局地的豪雨による被害軽減方策提言　[http://www.kkr.milt.go.jp/himeji/higai_kento/pdf/teigen.pdf]
レイヴ，J.，&ウェンガー，E.　佐伯胖（訳）（1993）状況に埋め込まれた学習——正統的周辺参加　産業図書
毎日新聞社（2010）チリ大地震，各地に津波——避難率4.5％どまり，指示・勧告出た11市町村／青森　毎日新聞（2010年3月2日付）
日本損害保険協会（2003）「洪水ハザードマップ」に関する調査　[http://www.sonpo.or.jp/archive/report/technology_gen/pdf/0007/book_hazardkekka.pdf]
佐伯胖（1993）訳者あとがき——LPPと教育の間で　レイヴ，J.，&ウェンガー，E.　佐伯胖（訳）　状況に埋め込まれた学習——正統的周辺参加　産業図書　pp. 183-192.
佐用町台風第9号災害検証委員会　2010　台風第9号災害検証報告書　[http://www.town.sayo.lg.jp/cms-sypher/open_imgs/info/0000002342.pdf]
宍粟市（2009）台風第9号災害による被災者アンケート結果　[http://www.city.shiso.lg.jp/kurashi/bosai/taifu-saigaianke-to]
静岡大学防災総合センター牛山研究室・岩手県立大学総合政策学部地域政策講座・日本自然災害学会災害情報委員会（2009）「市町村役場における豪雨災害情報の利活用状況について」報告書　[http://disaster-i.net/notes/090803report.pdf]
昭文社出版編集部（2011）震災時帰宅支援マップ（首都圏版：3版）　昭文社
諏訪清二（2011）高校生，災害と向き合う——舞子高等学校環境防災科の10年　岩波ジュニア新書
高木仁三郎（2000）原発事故はなぜくりかえすのか　岩波新書
高岡詠子（2012）シャノンの情報理論入門　講談社
田村友秀（2010）猪名川河川事務所における浸水モニター制度構築に向けた実証実験について　平成22年度国土交通省　国土技術研究会　[http://www.mlit.go.jp/chosahokoku/h22giken/program/kadai/pdf/account/acc2-03.pdf]
上野直樹・ソーヤーりえこ（2006）文化と状況的学習——実践，言語，人工物へのアクセスとデザイン　凡人社

牛山素行（2008）学際的防災研究の「場」としての住民参加型防災活動　第45回自然災害科学総合シンポジウム講演論文集　pp. 51-52.

牛山素行（2010）2010年2月28日のチリ地震津波に関するアンケート調査　静岡大学総合防災センター牛山研究室　[http://www.disaster-i.net/notes/100316report.pdf]

牛山素行・今村文彦（2004）2003年5月26日「三陸南地震」時の住民と防災情報　津波工学研究報告, **21**, 57-82.

牛山素行・小山真人・村越真・林能成・長谷川孝博（2009）2009年8月11日駿河湾の地震後の調査にみられる「備え」の実情　日本災害情報学会第11回研究発表大会予稿集　pp. 29-34.

ウェザーニュース（2009）全国4万人の五感を集結し梅雨前線を捉える「雨プロジェクト」スタート──コンピューターでは捉えられない人間の"気象感性"から天気予報する新しい試み　ウェザーニュース社ウェブサイト「ニュースセンター」[http://weathernews.com/jp/c/press/2009/090616.html]

矢守克也（2009）〈生活防災〉の実践共同体　矢守克也（著）　防災人間科学　東京大学出版会　pp. 249-265.

矢守克也・吉川肇子・網代剛（2005）ゲームで学ぶリスク・コミュニケーション──「クロスロード」への招待　ナカニシヤ出版

矢守克也・諏訪清二・舩木伸江（2007）夢みる防災教育　晃陽書房

吉井博明・中村功・中森広道・地引泰人（2009）2006年及び2007年にオホーツク海沿岸地域に出された津波警報の伝達と住民の対応　災害情報調査研究レポート, **14**, 1-57.

第3章
「安全・安心」と災害情報
―― 「天災は安心した頃にやって来る」 ――

1 「天災は忘れた頃にやって来る」？

（1） 2つの常識的な理解――自然現象的理解と心理分析的理解

　「天災は忘れた頃にやって来る」――このフレーズ（言葉）は，東日本大震災以降，時代を越えた普遍的なメッセージの数々が，再び注目を集めた寺田寅彦によるものだとされている。寺田の，定評のあるエッセー（随筆）については，自然災害や防災・減災に関係の深いものを中心に主だったものを再編したコンパクトな書物が，3.11以後，著名な研究者による解説文付きで相次いで出版されたので，参照されるといいだろう（寺田, 2011a, 2011b, 2011c）。

　さて，「天災は忘れた頃にやって来る」が，寺田と大いに関係があることは事実である。筆者は，高知市にある寺田の旧宅跡を訪ねたことがある。その入り口に，このフレーズを刻んだ碑が埋め込まれていた（図1）。また，旧宅の近くにある高知県立文学館は，寺田ゆかりの展示が充実しており，もちろんこのフレーズも紹介されていた。

　しかし，実は，寺田自身がこの通りのフレーズを口にした（書き残した）わけではない。このフレーズは，正確には，「天災と国防」と題されたエッセーの中に次の形で登場する（寺田, 1997；なお初出は, 1934年（昭和9年）に刊行された『経済往来』という雑誌）。一説によれば，寺田の弟子にあたる中谷宇吉郎が，「天災は忘れた頃来る」を寺田自身の言葉として紹介したが，第三者に詳しい解説を求められて，いざ出所を探してみると見当たらず，次のエッセー

図1 寺田寅彦旧宅にあるプレート（下部丸で囲ったプレートに「天災は忘れられたる頃来る」と刻まれている）

に似たようなことが書いてあるとの説明で勘弁してもらったらしい（週刊防災格言，2009；千葉，2011）。

> 「それで，文明が進むほど天災による損害の程度も累進する傾向があるという事実を十分に自覚して，そして平生からそれに対する防禦策を講じなければならないはずであるのに，それが一向に出来ていないのはどういう訳であるか。その主なる原因は，畢竟そういう天災が稀にしか起らないで，ちょうど人間が前車の顚覆を忘れた頃にそろそろ後車を引き出すようになるからであろう。」（寺田，1997，p. 316）

この最後の部分が，著名なフレーズとして今日に伝えられている。しかし，若干の改変・短縮化を伴いつつこの部分だけ抽出したことが，このフレーズの正確な解釈，より適切な理解を妨げているのではあるまいか。筆者はそのように考えている。具体的に言えば，「天災は忘れた頃にやって来る」は，ともすれば，以下の2つのことを意味していると思われがちである。しかし，そのい

第3章 「安全・安心」と災害情報

ずれも，正確な解釈とは言えない面があると思われる。

　第1の解釈は，巨大地震や津波，火山災害など，ハザードそのものが発生するインターバル（再来周期）は，人間の側の感覚に立つと非常に長いことが多いとの警告と理解するものである。これは，「天災は忘れた頃にやって来る」の自然現象的理解とでも呼べるものである。東日本大震災後の扱いも，まさにそうであった。特に，今般の巨大津波が，約1,100年以上も前の貞観津波（869年）に匹敵する規模であるとの指摘と並べて，こうした解釈がマスメディアなどで盛んに流布されていた。たしかに，3.11の悲劇を引き起こした海溝型の巨大地震は，台風や洪水と比較すれば一般に再来周期が長いことはたしかである。しかし，内陸の活断層の活動やそれに伴う災害と比べれば，その再来周期は，人間の目にもそれが周期として同定できる程度に，言いかえれば，それが同じものの再来として認識できる程度に，むしろ短いとすら言える。

　第2の解釈は，人間とは実に忘れっぽい動物で，大切な教訓も大きな痛手も案外早く忘れてしまうものだという警告と理解するものである。これは，「天災は忘れた頃にやって来る」の心理分析的理解とでも呼べるものである。この指摘の中身そのものは誤っていないし，筆者自身，かつて，長崎大水害（1982年）などいくつかの災害や事故を事例に，マスメディア報道量の長期的な減衰プロセスや，航空機事故後の旅客数の激減とその回復プロセスなど，いくつかの数値指標で「忘れやすさ」の程度（一時の衝撃が薄れていく速度）を定量化したことがある（矢守，2009a）。

　この心理分析的理解についても，東日本大震災後，盛んに取り上げられた。津波常襲地帯の三陸地方においても過去の災害経験が十分活かされず，過去を忘れた頃にまた大きな津波に襲われた，といった指摘である。しかも，寺田自身，別のエッセー「津浪と人間」の中で，「二十年も前のことなどこのせち辛い世の中でとても覚えておられない」（寺田，1997，p. 288），「鉄砲の音に驚いて立った海猫が，いつの間にかまた寄ってくるのと本質的な区別はないのである」（同書 p. 289）など，一見したところ，この解釈を支持するかのようなことを述べている。

（2）「天災は安心した頃にやって来る」――〈関係性〉の重要性

　しかし，筆者の見るところ，寺田寅彦の警句「天災は忘れた頃にやって来る」は，こうしたこと（だけ）を問題にしているのではない。そのことは，上記の引用部分をその前後の文章と共に十二分に読解すると同時に，寺田が他のエッセーに書き記したことにも注意を払うとよくわかる。

　まず，自然現象的理解に関する点を見ておこう。先にも引用した「津浪と人間」の中で，寺田はこう述べている。

　　「『自然』は過去の習慣に忠実である。地震や津浪は新思想の流行などには委細かまわず，頑固に，保守的に執念深くやって来るのである。紀元前二十世紀にあったことが紀元二十世紀にもまったく同じように行われる…（中略）…自然ほど伝統に忠実なものはないのである。」（寺田，1997，p. 291）

東日本大震災の後に記されたかのような現代性をもったこの言葉は，「天災は忘れた頃に…」と言われるとき，寺田は，単に，自然災害の発生インターバルが長いことを指摘しているのではないことを示唆している。むしろ，自然の再来周期はたしかに長いが，他方で大変規則的でかつ保守的であることに，寺田は注意を促している。その上で，自然の保守性・習慣性・規則性に対して，人間の側が非常に移り気であること（「新思想の流行」）を強調し，自然と人間とを鮮やかに対照している。

　さらに，「天災と国防」からの問題の引用箇所（p. 316）の少し前で，寺田はこう述べている。

　　「文明が進むに従って人間は次第に自然を征服しようとする野心を生じた。そうして，重力に逆らい，風圧水力に抗するような色々の造営物を作った。そうして天晴れ自然の暴威を封じ込めたつもりになっていると，どうかした拍子に檻を破った猛獣の大群のように，自然が暴れ出して高楼を倒潰せしめ堤防を崩壊させて人命を危うくし財産を亡ぼす。」（同書 pp.

313-314)

> 「文化が進むに従って個人が社会を作り，職業の分化が起って来ると事情は未開時代と全然変わって来る。天災による個人の損害はもはやその個人だけの迷惑では済まなくなって来る。」(同書 p. 315)

これらの箇所でも，自然（災害）と人間が対照されているが，ここでは，さらに一歩進んで両者の〈関係性〉が問題にされている。その上で，人間の自然への関わりそれ自身が，新しい災害を生み出しているという，きわめて今日的な事実を看破している。

さらに，やはり「天災と国防」の次の一節では，今日にもそっくりそのまま当てはまりそうな事例が挙げられ，頑固で保守的な自然に対する人間の浮薄変転的な〈関係性〉が批判されている。

> 「しかし昔の人間は過去の経験を大切に保存し蓄積してその教えに頼ることが甚だ忠実であった。過去の地震や風害に堪えたような場所にのみ集落を保存し，時の試練に堪えたような建築様式のみを墨守してきた。…（中略）…大震後横浜から鎌倉へかけて被害の状況を…（中略）…古い村家が存外平気で残っているのに，田圃の中に発展した新開地の新式家屋がひどくめちゃくちゃに…（後略）」(同書 pp. 316-317)

次に，心理分析的理解に直接関係すると思われる部分を見てみよう。これは，2,000人を超える犠牲者を数えた函館大火（1934年）について記した「函館の大火について」に登場する一節である。

> 「また一つには東京市民が明治以来のいわゆる文明開化中毒のために徳川時代に多大の犠牲を払って修得した火事教育を綺麗に忘れてしまって，消防の事は警察の手にさえ任せておけばそれで永久に安心であると思いこみ，警察の方でもまたそうとばかり信じきっていたために市民の手からその防火の能力を没収してしまった。」(寺田，1997，p. 296) [引用者注：当時，消防は警察署が所管していた]

この一節は，今問題にしていること，すなわち，「忘れて」しまうことを，寺田寅彦が，本章のメインテーマである「安心」という用語と結びつけて論じているきわめて重要な箇所である。この箇所を読むと，「天災は忘れた頃にやって来る」で寺田が問題にしている「忘れる」は，単に時の経過とともに自然に，「記憶から脱落」していくこと，あるいは，人間の心理にそのような短所があるということではないことがわかる。寺田が問題視しているのは，むしろ，「任せておけばそれで永久に安心」と表現されているように，人と人との関わり方について，ある特定の〈関係性〉（この後，2節でより詳細に考察）のもとで，より積極的に「なかったことにしてしまう（忘れてしまう）」ことである。

　以上を，いったんまとめておこう。「天災は忘れた頃にやって来る」というのは，単に，ハザードの再来周期が長いとか，人間が忘れっぽいとか，そういうことではない。むしろ，自然と人間の関わり方（「地震や津浪は新思想の流行などには委細かまわず，頑固に，保守的に執念深くやって来る」），あるいは，人と人との関わり方（「消防の事は警察の手にさえ任せておけばそれで永久に安心」），すなわち，ある種の〈関係性〉についての警句である。

　結論として，寺田の真意を筆者なりに踏まえるならば，この著名なフレーズは，「災害は安心した頃にやって来る」と言いかえることが可能だし，そのように言いかえる方が適切ではないかと思う。「堤防ができたから，もう安心」（技術やハードウェアに向けられた安心），「防災のことは専門家に任せたから，もう安心」（プロフェッショナリティやソフトウェアに向けられた安心）——寺田は，こういった「もう安心」を生みだしてしまう〈関係性〉に対して，「人間が前車の顚覆を忘れた頃にそろそろ後車を引き出すようになる」と警鐘を鳴らしているのではないだろうか。

　では，ここで言う「安心」とは，何か。「天災は忘れた（安心した）頃にやって来る」に関するこれまでの考察をベースに，次節では，本章のメインテーマである「安全・安心」について主題的に考えていくことにしよう。

第3章 「安全・安心」と災害情報

2 「安全・安心」の大合唱

(1) 技術的安全 vs. 心理的安心？

　本書のテーマである災害情報が主役を張る防災や減災の領域だけでなく，環境問題，医療や看護の分野，食品安全の話題に至るまで，今日，日本社会では「安全・安心」のフレーズを耳にしない日はないと言ってよいくらいである。「安全・安心まちづくりハンドブック」，「××ぎん（銀行名）から安全・安心をみなさまへ」など，この語は，これまで主に守備範囲としてきた領域だけでなく，それを越えて活躍の場をますます広げているように見える（図2）。

　「安全・安心」と頭韻と脚韻を踏んで軽快にペアで使われることの多い両語であるが，この2つの用語が意味するところは，相当程度異なる。この点については，日常的な用法に立脚したオーソドックスな理解があり，多くの研究も

図2　「安全・安心」のフレーズを使ったパンフレットなど

その理解を議論のベースにしている。たとえば，この領域における，その後の主要な研究（たとえば，堀井（2006））にも影響を与えている，もっともスタンダードな理解として以下がある。

> 「まず，安全については，その定義に社会的な要因を含めるかどうかについては，未だ議論があるけれども，技術的に達成できる問題として仮に『技術的安全』と命名しておくことにする。一方，「安心」とは，安全とも大いに関わるけれども，それだけでは決定できない，心理的な要素を含むものとして研究を進めていくこととしたい。これを仮に『社会的安心』と命名しておく。」（吉川・白戸・藤井・竹村，2003，p.5）

> 「最も単純な図式で言うならば，客観的な『安全』を技術的に追求することを通して，1人1人の主観的・心理的な『安心』を保証することを目指す，という関係が考えられる。」（藤井，2009，p.29）

しかし，たとえば，村上（1998），大澤（2008a），加藤（2011）など，慧眼な論者が以前から指摘してきたように，さらに，藤井（2009）自身，上記の引用箇所に続けて，「この図式はもちろん，一定の妥当性を持つものであることは間違いないものの，両者の関係は必ずしもそのような単純な図式だけで記述し尽くせるようなものではない」と留保しているように，両語の意味や相互の違いは，一見そう見えるほど単純ではない。順に見ていこう。

（2）「安心」＝気遣いを外化すること

両語の違いを理解するためには，「安心」の言葉の由来から考察を始めるのが，便利である。完全無欠を意味するラテン語（sollus）に由来すると言われる「安全」（safety）とは異なり，ease などと並んで「安心」を表す英単語の一つセキュリティ（security）は，ラテン語の se-（～から離れて，免れて）と cura（英語の care：心配，気遣い）に分解できるという。つまり，「安心」（セキュリティ）とは，本来，心配，気遣いを免れ，それらがない状態を意味する。この説明は，一見すると，「安心」は，先に掲げた常識的使用法とまったく同

様,個人の気持ち(主観,心理)の問題としてとらえられているように見える。

　しかし,重要なことは,「なぜ,気遣いしなくていいのか」である。それは,自分の代わりに,心配の種(ハザード)について気遣ってくれる存在があるからである(市野川・村上,1999;大澤,2008a)。近代化以降の社会では,多くの場合,その役割は,それぞれの心配の種に関する専門家や行政職員(実務者)が担っている。つまり,多くの現代社会では,一般の人びとが cura(気遣い)を「外化」する,言いかえれば,気遣いを専門家や行政職員に委ねお任せすることを通じて,自らの心理的な安心を確保する,という〈関係性〉をとっている。

　このように考えると,安心─そして,「天災は忘れた頃(安心した頃)にやって来る」─は,単に心理的な問題なのではなく,人と人との〈関係性〉,あるいは,社会構造に関わる問題だということがわかってくる。寺田による「消防の事は警察の手にさえ任せておけばそれで永久に安心であると思いこみ…」との指摘は,まさしく,火災という cura(気遣い)を,警察に「外化」(お任せ)することによって「安心」してしまうという〈関係性〉に対する警鐘である。その上で,寺田は,先に強調したように,この〈関係性〉のもとで生じる積極的忘却に対して「忘れた頃にやって来る」と警告を発しているのであって,時間に伴う記憶の自然減のごときものについて懸念を表明したわけではない。

　もちろん,「安心」のこうした側面(だれかに「お任せ」するのはよろしくないこと)には,すでに多くの人が気づいている。しかし,「安心」を,「se-cura」(気遣いを免れている)という原語に表現されている〈関係性〉の観点からではなく,日常的な用語法と同様,主観的・心理的な状態としてとらえてしまうと,寺田の洞察を見過ごしてしまうばかりか,たとえば,次のような苦しい説明を強いられることになる。

> 「心構えを持ち合わせた安心:完全に安心した状態は逆に油断を招き,いざというときの危険性が高いと考えられる。よって,人々が完全に安心す

る状態ではなく，安全についてよく理解し，いざというときの心構えを忘れず，それが保たれている状態こそ，安心が実現しているといえる。」(安全・安心な社会の構築に資する科学技術政策に関する懇談会，2004，p.7)

　これは，「安心とは安心しないことである」と主張しているに等しい不思議な定義であるが，ここまでの議論を追尾された読者は，本来〈関係性〉に関わる概念であるはずの「安心」を，無理矢理に心理的に説明しようとすると，このような苦しい解説を余儀なくされることを容易に理解されるだろう。

(3) 〈近代的な関係性〉と安全・安心の心理学

　とは言え，安全・安心については，上記の常識的な思考，すなわち，客観的な安全の確保を専門家や行政職員に委ね，一般の人びとはそれをベースに主観的・心理的な安心を獲得するという〈関係性〉，あるいは逆に，前者の確保が不十分であるために後者が保証されないという〈関係性〉の上に立って議論されることが通例である。それは，先述の通り，このスタイルが，現在の日本社会を含め，近代化以降の社会では標準的なスタイルだからである。そこで，以降，この〈関係性〉を〈近代的な関係性〉と呼ぶことにする。

　安全・安心というコンセプトの歴史・文化的成立の経緯に大きな関心を寄せてこなかった心理学の領域では，特にこの傾向が強い。そのため，安全・安心に関して，これまで心理学の領域で検討されてきた事項の多くは，この〈近代的な関係性〉の枠内で浮上する問題群に終始している。すなわち，基本線として，安全を技術的安全，安心を心理的安心ととらえた上で，たとえば，以下のようなことが問題視され検討されてきた。

　①「cura（気遣い）」の「外化」によって，「外化」した側（多くの場合，一般の人びと）に行き過ぎた「安心」（慢心）が生じること（たとえば，藤井（2009））

　②「外化」された側（多くの場合，専門家）の安全への取り組みが充実すればするほど，「外化」した側の要求水準（ゼロリスク要求）が昂進すること（たとえば，中谷内（2006））

③「外化」した側／された側の間で認識のずれ（リスク認知のギャップ）が生じること（たとえば，Kahneman, Slovic, & Tversky（1982））

④したがって，両者のリスク・コミュニケーションや両者間の合意形成が図られるべきこと（たとえば，矢守・吉川・網代（2005））

⑤「外化」された側が「外化」した側の期待に十分沿う仕事をしていないことに，「外化」した側が気づくこと，すなわち，専門家への不信（逆に言えば，信頼）の問題（たとえば，中谷内（2008））

たしかに，ここに列挙した問題群は，〈近代的な関係性〉を採用した社会では，実践的に重要な課題である。しかし同時に，次のことがらに気づく必要もある。第1に，これらの問題がまさに問題として現れるのは，〈近代的な関係性〉の枠内の話であること，第2に，寺田が警告を発しているように，〈近代的な関係性〉自身が，「安全・安心」を根幹から揺るがす問題の温床になっている可能性があること，第3に，〈近代的な関係性〉が「安全・安心」を社会が取り扱う唯一無二の方式ではないこと（実際，近代以前はそうでなかったのだから），したがって，最後に，〈近代的な関係性〉そのものを克服することによって，現在直面している問題群の解消を図ることができるかもしれないこと，以上のことがらである。

3 〈近代的な関係性〉の果て

(1) 神だけができる cura（気遣い）

前節の終わりに，〈近代的な関係性〉の相対化の重要性やそれがもつ可能性について示唆しておいた。では，〈近代的な関係性〉でない〈関係性〉とは，どのようなものか。技術的な安全を担う専門家に心配の種を「外化」（お任せ）し，一般の人々はそれによって心理的な安心を獲得する。両者の間に信頼関係を構築する。この〈近代的な関係性〉は，見たところ，非常に有望で現に一定の成果もあげているではないか。これ以外の〈関係性〉などあるのか。そのようにも思える。

しかし，たとえば，ある種の心配の種については，この世に生きる者はだれも―専門家ですら― cura（気遣い）できないと考える別の〈関係性〉がありうる。別言すれば，cura を担うことが唯一可能な，超越的で絶対的な存在（神や仏）と，cura との関与が一切封じられた私たち人間とが関係していると考える別の〈関係性〉がありうる。防災・減災の領域で言えば，たとえば，「天譴論」や「運命論」として語られてきたこの種の考え方は，〈近代的な関係性〉の見地からは，ハザード（地震やウィルスといった気遣いや心配の種）に対する人間の積極的な関与（予測やコントロール）を放棄させかねない，途方もなく非生産的な考え方に映るかもしれない。

　しかし，たとえば，次のような事実を考えてみるとよい。インド洋大津波（2004年）は，無視できない数の被災者にとって，現在も「（イスラムの）神が与えた試練」，つまり，専門家や行政官も含めすべての人間の cura（気遣い）の及ばない出来事である（広瀬，2007；田中・高橋・ジックリ，2012）。こうした理解によって，たとえば，「津波防波堤を作っておけば…」，「津波情報網を整備しておけば…」と仮定法過去完了形で，津波が cura すべき対象，ないし cura しうる対象だったと教えられるよりも，はるかに大きな安寧（安心）を得ている被災者が何万人も存在することを忘れてはならない。少なくとも現段階では，十分なハードやソフトを整備するだけの資金も技術力も政治的・社会的安定も欠く人びとにとっては，cura を専門家に成功裏に「外化」することによって安心を得るという〈近代的な関係性〉そのものを拒絶することが，むしろ安心を獲得する方法なのである。

（2）「安全・安心」をとことん追求すると…
　しかし，前項に言う〈関係性〉は，まさに〈近代的な関係性〉に到達することができていない社会で，やむをえずとられている〈関係性〉で，条件・環境を整えて，〈近代的な関係性〉へと移行することが望ましいし当地の人々もそれを望んでいるはずだ，との反論が寄せられそうである。この反論が完全に誤っているとは筆者も思わない。しかし同時に，全面的に正しいとも思わない。

つまり，〈近代的な関係性〉への移行が，それほど単純に望ましいかというとそうでもない。なぜなら，〈近代的な関係性〉が徹底して進んだ社会—たとえば，現在の日本社会—において，むしろ，天譴論・運命論に近い〈関係性〉が誕生してしまうというパラドックスが存在するからである（なお，現在の日本社会で観察しうる天譴論・運命論については，Yamori（2013）を参照）。

　具体的に考えていこう。現在，特に1995年の阪神・淡路大震災以降，日本社会において，「自助・共助」（個人・家庭や地域社会での防災活動）がにわかに重要視されている。矢守（2009b）などで指摘したように，「自助・共助」の強調は，裏を返せば，従来，防災の領域で，「安全・安心」を一手に担ってきた専門家や行政職員（「公助」）の側が，「私たちだけに，災害に関する cura（気遣い）を背負わせるのは，もう勘弁してください」と主張しているのと同じことである。同様のトレンドは，いくらでも指摘できる。たとえば，医療における「インフォームド・コンセント」の普及に象徴される「自己責任」の風潮や，医師や医療機関が保険に入らざるを得ないという現実も，医療技術の上でも，医師と患者の〈関係性〉の上でも高度に複雑化した今日の医療においては，専門家（医師や病院）を含め，だれも cura（に伴う責任）の専一的な引き受け手になりえていないことを示している（大澤，2008a）。

　たとえば，防災担当の役場の職員から「防災の基本は自助・共助です。みなさんの方でしっかり取り組んでください」と諭されたり，「以上が3つの治療法，それぞれの長所と短所です。情報はすべて開示しました。どの治療法を選ぶかはあなた次第です」と医師から告げられたりしたとき，私たちは，ある種，責任転嫁というフィーリングをもつだろう。これは，それまで完全に「外化」していた cura（気遣い）がわが身に戻ってきた瞬間である。すなわち，「外化」（近代化）が進めば進むほど，むしろ，〈近代的な関係性〉にヒビが入り始めるというパラドックスが存在するのである。

　このことの意味は，もっと極端な例を考えてみればよくわかる。たとえば，地震防災に関して，人びとに可能な対応の一つに，保険（地震保険など）への加入がある。保険とは，ある気遣い（ここでは，地震による被害という cura）

を，だれか特定の人に背負わせることを断念し，「仕方がない，皆で広く薄くcura を負担しましょう」と考える妥協ないしごまかしの方法である。これがごまかしに過ぎないのは，たとえば，日本社会全体が破綻を来すような超巨大地震が起これば，保険の仕組みは根底から破綻してしまうからである。実際，東日本大震災に伴う支払保険金の急増を受けて，2014年4月をめどに，地震保険料が15〜30％も値上げされる見通しが新聞報道されてもいる（2012年10月）。

あるいは，〈関係性〉の破綻が，裁判という形であらわれるケースもある。先述の医療の事例の場合，治療法の選択をめぐって，結果として医療裁判になることが時々生じる。この種の裁判とは，煎じ詰めれば，「これは私でなく，あなたが cura すべきことだ（だった）」という主張合戦に他ならない。加えて，防災の領域でもきわめて印象的な事例が，2012年10月発生した。イタリア中部で発生したラクイラ地震の安全宣言に関わった地震研究者らに有罪判決がくだされたのである。研究者らが参加した地震の危険度を判定する国の委員会が，地震発生前に大地震の兆候はないと判断し，それが記者会見で発表されたことが被害拡大につながったとされた。ここでの文脈に照らせば，このケースにおいて有罪判決が適当かどうかという議論の前に（たとえば，日本地震学会などは，この判決に懸念を表明する旨の声明を出している），この種のことが裁判になっていること自身が重要な意味をもっている。近い将来予想される地震という cura の帰属をめぐる争いが，史上初めて，裁判という形で明示化されているからである。

要するに，〈近代的な関係性〉，すなわち，すべての cura（気遣い）について，その責任主体を社会的に同定し確定しようとするスタイルは，行き着くところまで行き着くと，訴訟社会（cura の担い手の押しつけあい）や保険社会（cura の担い手の希釈的分散）へとつながる。別の言い方をすれば，〈近代的な関係性〉の最先端では，cura（気遣い）の，少なくともその一部は，だれも担うことができないような状態で放置される他なくなるのである。皮肉なことに，この状態は，まさに，「（少なくとも一部の）cura は神のみぞ知る」という，前項で述べた，一見前近代的に映る〈関係性〉に，言わば一周回って回帰したもの

に他ならない。

（3）「リスク」と「危険」

「安全・安心」とほとんど軌を一にして日本社会に普及した「リスク（risk）」という用語を用いて，これまでの議論を別の角度から整理しておくことも有用だろう（神里，2002；矢守ら，2005；Yamori, 2007）。「リスク」については，ルーマン（Luhmann, 2005）が指摘した「危険（danger）」と「リスク」の区別が，現在でも非常に重要である。「リスク（risk）」と「危険（danger）」との根本的な相違は，「ハザードに対する態度が，能動的か受動的かにある」（神里，2002, p.1015）。「リスク（risk）」は，イタリア古語の risco に端を発し，これは「あえて～する」という意味の単語 risicare と関わりがあり，この語には，古くは「断崖をぬって船を操る」という意味があったという。

つまり，danger とは異なり，risk には，ハザード（hazard）に対する，主体（人間・社会）の側の能動的な態度—それでも「リスクをとって，あえて～する」という選択の意味—が込められている（第8章の〈選択〉と〈宿命〉の対比も参照）。リスクは，人間が与り知らぬ蓋然性に従って襲ってくるハザードを受動的に甘受するのではなく，それに対して人間・社会の側が何らかの能動的アクション（選択）をとろうとするときに，初めてあらわれる感覚だということになる。13世紀にまでさかのぼることができる danger と比べて risk が17世紀生まれの新しい概念であること，日本語にこれに対応する適切な概念が存在しないこと（だからカタカナで表記される）も，リスクが，「理性を働かせる人間と，世界の不確実性との隙間を埋め」（神里，2002, p.1016）ようとはかる西欧近代思想（近代的主体）の誕生と密着した，文化相対的かつ時代相対的な概念であることを示している。

以上のことは，次のように言いかえることができる。すなわち，任意のハザードは，それに対する何らかの選択—観測・制御といった研究的な関わりにせよ，保険に入る，転居するといった，どちらかと言えば日常的な関わりにせよ—をなしうる人びとにとっては，risk としてあらわれるが，そうではない人

びとにとっては danger としてあらわれる，と。要するに，何がリスクかは，対象（自然）の側に備わった特性ではなく，それと対峙する当事者（人間・社会）の側にかかっているということである。つまり，「リスク」とは，「何事かを選択したときに，それに伴って生じると認知された―不確実な―損害」（大澤，2008b，p.129）のことである。

「リスク」を用いて，前項で述べたことを表現すれば，〈近代的な関係性〉は，そのベースに「リスク」をめぐる2つのムーブメントを伴っていると言いうるだろう。第1に，人間・社会に損害を及ぼす存在（ハザード）を「危険」から「リスク」へと転換しようとするムーブメントが存在する。ここには，ハザードを甘受するのではなく，それに対する予測・制御・軽減などといった能動的な対応をとるという選択が働いている。さらに，第2に，能動的な対応の実質を，専門家や行政職員に「外化」するという選択も働いている。この2重の選択が，防災をめぐる〈近代的な関係性〉を支えている。

しかし，上で見てきたように，〈近代的な関係性〉は，普遍的で絶対的な正当性や妥当性をもつわけでも常に望ましいわけでもない。選択可能であること―すべてのハザードを，「危険」ではなく，それに対して人間・社会が手を打つ（選択する）ことが可能な「リスク」へ転換すること―は，常に「安全・安心」を効率的に社会にもたらすわけではない。選択可能である（と認知される）がゆえに生じる不安や不幸も，むろん多数存在する。「あの時，なぜ～しておかなかったのか」という自責感や後悔も，「私に代わって，～すべきだったあの連中は，いったい何をしていたんだ」という他罰的な怒りも，すべて，当該のハザードが，それに対して何かを選択可能な「リスク」として，社会に現れているからこそ生じている（再び，第8章の〈選択〉と〈宿命〉の対比も参照）。

4　新しい〈関係性〉の模索

こうした現状を踏まえて，これまで述べたものとは異なるタイプの〈関係

性〉が，今新たに，模索されようとしている。つまり，〈近代的な関係性〉においてcura（気遣い）が行き場を失っている現状を，curaの取り扱いに関する行き過ぎた外化（お任せ化）のために生じた危険な状態と考え，さりとて，前近代的な〈関係性〉の単純な復権を図るわけでもなく，新しい〈関係性〉を模索しようとする動きである。言いかえれば，ハード（たとえば，津波防波堤や耐震建築）や専門家（たとえば，気象庁の専門家や市町村役場の実務者）にすべてお任せして（「外化」して），curaを完全に忘れ去って「安心」しきるという〈近代的な関係性〉の影の部分を解消し，新たな〈関係性〉を構築しようとする動きである。

　この動きは，要するに，この社会に暮らす者一人一人が，自然災害に関するcura（気遣い）を忘れることなく，今一度，新たな枠組みのもとで，「リスク」として，あらためてこの身に引き受け直すための動きである。この動きは，災害情報が関わる領域で言えば，たとえば，災害情報の作り手／伝え手／受け手という固定的な構造を組み替える作業と密接に関連することになる。なぜなら，事前期であれ緊急期であれ，災害の危険を教えてくれる災害情報の作成や伝達の作業を，社会の中の一部の人々（典型的には，防災の専門家や行政職員，あるいはマスメディア）だけが担い，大多数の人間がその受け手としてのみ位置づけられるという構造は，まさに災害に関するcura（気遣い）の大がかりな「外化」を伴う〈近代的な関係性〉の産物に他ならないからである。たとえば，第1章で取り上げた「ダブル・バインド」は，〈近代的な関係性〉の下での災害情報のコミュニケーションがもつ課題を指摘したものであり，防災マニュアルや防災マップがもつ逆説的な機能に注意を促した第2章の記述も，同様である。

　では，〈新しい関係性〉の構築へ向けて，具体的にはどのような試みが展開されつつあるのか。災害情報に直接関わる領域で言えば，それは，多くの人々が，災害情報を共に作り，共に伝え，共に使うという〈関係性〉の下に再編する試みということになろう。この〈新しい関係性〉は，たとえば，集落を流れる川でいち早く異常な増水を発見した村人が，それを村人に伝えて皆で田畑を守る手だてを講じるといった，前近代的な〈関係性〉への回帰に映るかもしれ

ない。しかし，むろんそうではない。いったん，〈近代的な関係性〉を経た私たちは，その肯定的側面を継承しつつも，そこからの革新的脱皮，すなわち，「創造的昔がえり」（杉万，2010）を果たさねばならない。Yamori（2007）で指摘したように，〈近代的な関係性〉が，日本においては特に戦後の高度経済成長期，多大な防災・減災効果をあげたことも事実だからである。そして，一昔前には想像もできない程度にまで高水準化した各種の情報通信テクノロジー（とりわけ，いつでもどこでもだれにでも情報を送受信できるデバイスやシステムの開発）が，このことを可能とする技術的基盤を提供してくれてもいる。

災害情報に関連して，筆者が近年取り組んできた仕事の多くが，この方向を向いた作業である。具体的には，第1に，防災ゲーム「クロスロード」（第1章6節(2)項，第8章5節(1)項参照）など，各種の参加的・共同的活動を中核に据えた防災実践の試み（矢守ら，2005；吉川・矢守・杉浦，2009など），第2に，チリ遠地津波や東日本大震災の際の津波災害報道を素材としながら，「リアリティ・ステークホルダー」をキーワードに，災害報道における〈近代的な関係性〉の克服方法を提案する研究群（近藤・矢守・奥村，2011；近藤・矢守・奥村・李，2012），第3に，災害情報の「ジョイン＆シェア」をキーワードに，緊急期あるいは事前期の災害情報の共同生成を通して〈新しい関係性〉を直接的に構築しようとする試みの数々（矢守，2011）である。このうち，第1と第2の研究・実践群については，これまで別所多数で，その成果や課題を世に問うてきたので，ここに掲げたそれぞれの文献を参照されたい。また，第3については，本書第6章で，「みんなで作る災害情報――満点計画学習プログラム」として詳しく紹介している。

〈文　献〉

安全・安心な社会の構築に資する科学技術政策に関する懇談会（2004）「安全・安心な社会の構築に資する科学技術政策に関する懇談会」報告書［http://www.mext.go.jp/a_menu/kagaku/anzen/houkoku/04042302.htm］

千葉俊二（2011）解説　寺田寅彦（著）　千葉俊二・細川光洋（編）　地震雑感／津

浪と人間：寺田寅彦随筆選集　中公文庫　pp. 185-195.
藤井聡（2009）安全と安心の心理学　日本建築学会総合論文誌，**7**，29-32.
広瀬公巳（2007）海神襲来――インド洋大津波・生存者たちの証言　草思社
堀井秀之（2006）安全安心のための社会技術　東京大学出版会
市野川容孝・村上陽一郎（1999）安全性をめぐって　現代思想，1999年10月号，
　　70-91.
Kahneman, D., Slovic, P., & Tversky, A. (1982) *Judgment under uncertainty : Heuristics and biases.* New York : Cambridge University Press.
神里達博（2002）社会はリスクをどう捉えるか　科学，**72**，1015-1021.
加藤尚武（2011）災害論――安全性工学への疑問　世界思想社
吉川肇子・白戸智・藤井聡・竹村和久（2003）技術的安全と社会的安心，社会技術
　　研究論文集，**1**，1-8.［http://shakai-gijutsu.org/vol1/1_1.pdf］
吉川肇子・矢守克也・杉浦淳吉（2009）クロスロード・ネクスト――続：ゲームで
　　学ぶリスク・コミュニケーション　ナカニシヤ出版
近藤誠司・矢守克也・奥村与志弘（2011）メディア・イベントとしての2010年チリ
　　地震津波――NHKテレビの災害報道を題材にした一考察　災害情報，**9**，
　　60-71.
近藤誠司・矢守克也・奥村与志弘・李旉昕（2012）東日本大震災の津波来襲時にお
　　ける社会的なリアリティの構築過程に関する一考察――NHKの緊急報道を題
　　材とした内容分析　災害情報，**10**，77-90.
Luhmann, N. (2005) *Risk : A sociological theory.* New Brunswick, N. J. : Transaction Publishers.
村上陽一郎（1998）安全学　青土社
中谷内一也（2006）リスクのモノサシ――安全・安心生活はありうるか　日本放送
　　出版協会
中谷内一也（2008）安全。でも，安心できない…――信頼をめぐる心理学　筑摩書
　　房
大澤真幸（2008a）〈自由〉の条件　講談社
大澤真幸（2008b）不可能性の時代　岩波書店
週刊防災格言（2009）週刊防災格言＃100（「災害は忘れたころにやって来る」）
　　［http://yaplog.jp/bosai/archive/171］
杉万俊夫（2010）「集団主義―個人主義」をめぐる3つのトレンドと現代日本社会

集団力学，**27**，17-32.

田中重好・高橋誠・ジックリ，I.（2012）大津波を生き抜く——スマトラ地震津波の体験に学ぶ　明石書店

寺田寅彦（1997）天災と国防　寺田寅彦全集（第7巻）　岩波書店

寺田寅彦　千葉俊二・細川光洋（編）（2011a）地震雑感／津浪と人間：寺田寅彦随筆選集　中公文庫

寺田寅彦　山折哲雄（編）（2011b）天災と日本人：寺田寅彦随筆選　角川ソフィア文庫

寺田寅彦（2011c）天災と国防　講談社学術文庫

Yamori, K. (2007) Disaster risk sense in Japan and gaming approach to risk communication. *International Journal of Mass Emergencies and Disasters*, **25**, 101-131.

Yamori, K. (2013) A historical overview of earthquake perception in Japan: Fatalism, social reform, scientific control, and collaborative risk management. In T. Rossetto, H. Joffe & J. Adams (Eds.), *Cities at risk: Living with perils in the 21st century*. Dordrecht: Springer Verlag. pp. 73-91.

矢守克也（2009a）体験の風化を計量する　矢守克也（著）　防災人間科学　東京大学出版会　pp. 181-210.

矢守克也（2009b）「リスク社会」と防災人間科学　矢守克也（著）　防災人間科学　東京大学出版会　pp. 19-36.

矢守克也（2011）ジョイン＆シェア　矢守克也・渥美公秀・近藤誠司・宮本匠（編）　ワードマップ——防災・減災の人間科学　新曜社　pp. 77-80.

矢守克也・吉川肇子・網代剛（2005）ゲームで学ぶリスク・コミュニケーション——「クロスロード」への招待　ナカニシヤ出版

第Ⅱ部　事例に見る災害情報

第4章
「津波てんでんこ」の4つの意味
―― 重層的な災害情報 ――

　本章では，東日本大震災（2011年）において迅速な津波避難の重要性が再認識されたことから，あらためて大きな注目を集めるようになった「津波てんでんこ」（以下，「てんでんこ」）という用語とその意味について再検討する。「てんでんこ」は，津波常襲地帯である東北地方三陸沿岸地域を中心に語り伝えられてきた用語である。その意味で，地域性に根ざした災害情報（災害文化）であり，かつ，過去の災害を今に伝えてきた点で「あのとき」を伝える「災害史」としての側面を濃厚にもった災害情報（第7章）と称することもできるだろう。

　本章では，災害情報として見たとき，「てんでんこ」が，通常用いられている意味だけでなく，それを含めて少なくとも4つの意味・機能―第1に，自助原則の強調，第2に，他者避難の促進，第3に，相互信頼の事前醸成，最後に，生存者の自責感の低減―を多面的に織り込んだ重層的な用語（情報）であることを示す。この作業は，この言葉の成立史，東日本大震災やその他の津波避難事例に関する社会調査のデータ，および，集合行動に関する研究成果をもとに進める。あわせて，その重層性が，津波避難と災害情報に関する課題が抱える複雑性を象徴すると共に，同時に，課題解決へ向けた方向性をも示唆していることを指摘する。

1　東日本大震災と「津波てんでんこ」

　東日本大震災が提起した最大の防災上の課題が，原子力発電所の安全性と並んで津波防災にあることは，だれの目にも明らかである。東日本大震災で犠牲

となったと見られる約2万もの人びと（行方不明者を含む）の90％以上が，津波によって命を落とされたからである。同時に，中央防災会議（2011a）が，「設計対象の津波高までに対しては効果を発揮するが，今回の巨大な津波とそれによる甚大な被害の発生状況を踏まえると，海岸保全施設等に過度に依存した防災対策には限界があった」と率直に表明しているように，津波対策を目的とした多くのハードウェア（津波防潮堤など）が十分な機能を果たしたとは言えず，人びとの居住地にまで破壊的な津波が押し寄せた。中央防災会議（2011b）によれば，総浸水面積は560平方キロを超え，これは東京23区の面積（621平方キロ）にも匹敵する。

そのような危機的な状況下で，避難行動のあり方が生死を分けたことを示す大規模調査のデータや，個別のケース事例が多数報告されている。一例を挙げれば，前者については，中央防災会議（2011c），国土交通省（2011），ウェザーニューズ（2011），サーベイリサーチセンター（2011）など，後者については，根岸（2012），金菱（2012），三陸新報社（2011），文藝春秋（2011），村井（2011）などがある。東日本大震災における甚大な被害を無にしないためにも，また，南海トラフの巨大地震・津波による被害が懸念される今，将来の災害へ向けた準備態勢を整えるためにも，津波避難は，現時点で日本社会が直面する最重要の防災課題の一つだと言えよう。

こうした中，津波の常襲地帯である三陸地方に伝わってきたとされる「津波てんでんこ」（「命てんでんこ」とも称される）が，津波避難の要諦―高台への迅速な避難―を一言にして要約する用語として脚光を浴びている。マスメディアで大きく取り上げられた他，篠澤（2012）のように，その思想的・倫理的意味を問う論考も少数ながら現れた。

その中にあって，「てんでんこ」の重要性を特に強く印象づけたのが，後に「釜石の奇跡」として語られることになる釜石市における小中学生の避難事例であった。同地で長年にわたって小中学生を指導してきた片田敏孝氏（群馬大学教授）が津波防災教育の柱として掲げた3つの避難原則―想定にとらわれるな，最善を尽くせ，率先避難者たれ―のベースに，「『てんでんこ』の意味を見

つめ直す」という視点があったからである（群馬大学広域首都圏防災研究センター，2011；片田，2011，2012）。（なお，片田氏は，本事例は「奇跡」ではなく，事前の教育と準備がもたらした成果である旨強調している。）

では，まず，「てんでんこ」の成立史について，節をあらためて簡単に見ていくことにしよう。

2　「てんでんこ」の成立史

「てんでんこ」は，上述のように，たしかに三陸地方で長年にわたって伝えられてきた言葉である。しかし，その起源を正確にいつ頃までさかのぼることができるのかは，定かではない。この言葉が世間に流布するきっかけをつくった津波研究家山下文男氏によれば（山下，1997，2005，2008），「てんでんこ」は，明治の三陸大津波（1896年，明治29年）を生き抜いた山下氏の父親が，昭和の三陸大津波（1933年，昭和8年）のときにとった行動（詳しくは，6節）に由来する。ただし，山下氏（1924年生）の父親も，その祖父からこの言葉について聞かされていたという。また，山下氏と同様，三陸の津波災害を語り継ぐ活動にあたってきた田畑ヨシ氏（1925年生）も，明治の大津波を経験した祖父から「てんでんこ」という言葉を聞いているとのことである。よって，「津波てんでんこ」のように「津波」とセットされた形での使用の起源は定かではないものの，「てんでんこ」が明治の三陸大津波をさらにさかのぼり，少なくとも150年を越える歴史をもつ言葉であることは確実である。

山下氏は，1990年，今回の巨大津波でも大きな被害を受けた岩手県田老町（現宮古市）で開催された津波に関するシンポジウムの席で父親のエピソードを紹介し，それが数人の防災研究者の目にとまった。その後，1993年の北海道南西沖地震においても，「てんでんこ」の重要性を再認識させられる事例が多数見られた。この結果，「てんでんこ」はより大きな注目を集めるようになり，2003年には，全国紙（朝日新聞）の社説にも取り上げられるようになったという（山下，2008）。

しかし，その後，インド洋大津波（2004年）など，世界的には甚大な津波被害が生じていたにもかかわらず，第1章4節，第2章3節でも触れたように，2003年の宮城県沖地震，2004年の紀伊半島南東沖地震，2010年のチリ地震に伴う津波など，日本国内では低調な津波避難率が繰り返し記録された（これら3つの事例における避難状況についてはそれぞれ，片田・児玉・桑沢・越村（2005），片田（2006），近藤・矢守・奥村（2011）などを参照）。全般的には，「てんでんこ」の教えが十分浸透しているとは到底言えない状況の中，日本社会は，2011年3月11日を迎えることになったわけである。

3　第1の意味──自助原則の強調（「自分の命は自分で守る」）

「要するに，凄まじいスピードと破壊力の塊である津波から逃れて助かるためには，薄情なようではあっても，親でも子でも兄弟でも，人のことなどはかまわずに，てんでんばらばらに，分，秒を争うようにして素早く，しかも急いで速く逃げなさい，これが一人でも多くの人が津波から身を守り，犠牲者を少なくする方法です」（山下，2008，pp. 52-53）。このように，「てんでんこ」は，少なくとも第一義的には，緊急時における津波避難の鉄則を表現したもので，その骨子は，自分の身は自分で守ることの重要性，すなわち，今日の用語で言う「自助」の原則で貫かれているように見える。

実際，「てんでんこ」が引き合いにだされる場合，この意味で用いられていることが多い（たとえば，「いのちを守る智恵」制作委員会（2007），朝日新聞社（2011）など）。また，1節で参照した東日本大震災に関する多くの津波避難調査は，個別の課題──たとえば，クルマでの避難は是か非か，自治体の指定避難場所に逃げるのは是か非かなど──については評価が分かれるものの，迅速な避難の必要性，すなわち，この意味での「てんでんこ」の重要性については，どれも斉しく指摘している。また，以上の意味で，「てんでんこ」は，第1章で「ダブル・バインド」について論じる際に指摘した「情報待ち」の問題を解消する働きを担っていることもわかる（第1章4節）。

第4章 「津波てんでんこ」の4つの意味

　しかし，山下氏自身，著書の中で繰り返し注意を促しているように，この言葉は，大津波で家族・親族が「共倒れ」する悲劇に一度ならず見舞われてきた三陸地方の人びとがやむにやまれず生み出した「哀しい教え」（山下，2008，pp. 53他）である。「てんでんこ」の原義が，ここで言う第1の意味の線にあるとしても，単純素朴に，津波避難における「自助」の重要性だけを，まして自己責任の原則だけを強調するものではない点には，十分な注意が必要である。つまり，篠澤（2012）による印象的な表現を借りれば，「てんでんこ」は，「自分だけで助かること」の大切さを説いているとしても，「自分だけが助かること」を推奨しているわけではけっしてない。

　このことは，山下氏の著作でも，いくつかの形ですでに表現されている。たとえば，まず，「てんでんこ」には，「『よし，ここは，てんでんにやろう』…（中略）…というように，互いに了解しあい，認めあったうえで『別々に』とか『それぞれに』というニュアンスがある」（山下，2008，p. 231）との指摘がある。これは，「てんでんこ」が有効に発動するためには，互いの了解あるいは相互信頼という基礎条件が，事前に家族や地域コミュニティで満たされている必要があることを示唆しており，きわめて重要な論点である。この点については，「てんでんこ」の第3の意味として独立して取り上げて，5節で詳述する。

　また，山下氏は，次のようにも述べる。「『津波てんでんこ』が哀しい教訓だというのは，それなら，避難を手助けしなければならない幼児や，体の不自由なお年寄り，身体障害者，今日でいうところの『災害弱者』の問題をどうするのかという，心情的にわりきれない問題が残るからである」（山下，1997，p. 175）。「てんでんこ」が万能ではないこと，とりわけ，「てんでんこ」に避難することが困難な人びとをめぐる問題が残ることが，すでに指摘されているわけである。

　実際，この点は，東日本大震災でも非常に大きな問題として浮上した。たとえば，毎日新聞社（2011）は，「答えでないてんでんこ：自主防災組織と矛盾」の見出しと共に，「てんでんこ」することが困難な人びとを救い出そうとした

自主防災組織や消防団のメンバーが，救出活動のゆえに犠牲になった（「共倒れ」になった）課題を取り上げている。そこには，「人間，助けてけろって頼まれたら絶対行く。『てんでんこ』はできないって今回よく分かった」との住民の切実な声も，同時に紹介されている。さらに，河北新報社（2011）は，上述の釜石の市議会で，「てんでんこ」の是非について論争があり，「てんでんこ」の万能性に懐疑的な議員に対して，「自分だけ助かれば良いということでは決してない」と，「てんでんこ」が素朴な自助原則ではない旨の応答が市側からあったことを報告している。

　以上の通り，「てんでんこ」には，「自分の命は自分で守る」という単純明快な自助原理，すなわち，本論文に言う第1の意味にとどまらず，それを越える意味が込められているように思われる。このことは，「てんでんこ」の生みの親とも言える山下氏の著作においても，ある程度示唆されている。以上を踏まえて，次節以降，「てんでんこ」の教えが有する複雑な含みについて具体的に見ていこう。

4　第2の意味――他者避難の促進（「我がためのみにあらず」）

　まず，「てんでんこ」が避難する当人だけでなく，他者の避難行動をも促すための仕掛けでもあることが重要である。その鍵は，「てんでんこ」に避難を開始した人びとが，周辺の多くの人びとによって認知・目撃され，前者が後者にとっての避難トリガー（有力な災害情報）となる点にある。人を避難へと導く強力な災害情報の一つは，人自身，つまり，周囲の他者のふるまい（すでに逃げている人びとの行動）であり（河田，2010；矢守，2009），「てんでんこ」の教えは，このことを巧みに利用している。言葉を変えれば，「てんでんこ」は，「逃げる」ための知恵にとどまらず，「逃がす」ための知恵，あるいは，「共に逃げる」ための知恵でもある。

　このことを例証する実証的な根拠を，いくつか挙げていこう。たとえば，上述の「釜石の奇跡」を支えた避難の3原則の一つは，「率先避難者たれ」で

第4章 「津波てんでんこ」の4つの意味

あった。「率先避難者」が，現代版の「てんでんこ」に相当することは，釜石の事例に関する片田氏自身による下記の発言からもわかる。「…（前略）…『まず，君がいちばんに逃げろ』」と語っています。子どもたちは躊躇します。そこでこう説明するのです。『君が自分の命を守り抜くことが，周りの命を助けることになる』と。誰かが逃げれば，周囲の人間も行動しやすい。『君が逃げればみんな逃げ出す。君が率先避難者になってみんなを救うのだ』と。今回は，中学のサッカー部員が『津波が来るぞ』と言って，小中学校に声をかけた率先避難者でした」（片田，2011，p.9）。実際，「釜石の奇跡」において高台に逃げる人たちを撮影した写真には，率先避難者たる中学生だけでなく，中学生に手を引かれた小学生，さらに，小中学生の後を追って避難する地域住民の姿がとらえられている（群馬大学広域首都圏防災研究センター，2011；片田，2012）。

最初に「てんでんこ」に避難を開始する人びと（率先避難者）は，自らの命を守ると同時に，他の人びとを救う災害情報として機能することを示す数値データもある。第1章5節でも紹介しているように，片田（2006）は，紀伊半島南東沖地震（2004年9月5日の夕刻から深夜にかけて2回の地震が発生）について，津波避難に関連する情報が実際に発令された尾鷲市で行った実態調査から，興味深い事実を見いだしている。それは，地区別の避難率データである。もっとも避難率が高かったのは，2回の地震とも海岸部に位置する港町であったが，これは地域的条件から考えて当然と言える結果であった。

注目すべきは，港町に続いて――他の海岸部に位置する地区を上まわって――第2位の避難率を示したのが，2回とも，直接海岸に接していない中井町であったことである。これは，中井町が，港町の住民が避難場所まで行く経路にあたっており，港町住民の避難の様子を見た中井町の住民も避難したことによるものであった。港町の人びとの「てんでんこ」が，中井町の人びとの命も救うことになったわけである（この事例の場合，大規模な津波は結果としては襲来していないが）。

この結果は，仮想場面における避難意向（どのようなことが起きたら避難するか）に関する調査データとも整合する（片田ら，2005）。すなわち，避難意向

は,「テレビやラジオを通じて気象庁から津波警報を知ったら」(40.6％),「地震後に海の異変を感じたら」(50.5％) といった, 外的環境の変化や狭義の災害情報よりも,「近所の人が避難している様子を見かけたら」(64.1％),「町内会役員や近所の人から避難の呼びかけがあったら」(73.1％) など, 避難する他者の存在やその呼びかけによって, より強く喚起されることが見いだされたのである (数値は, それぞれの出来事があった場合に,「避難しようとしたと思う」と回答した人の割合)。

　しかも, これと同じ傾向性は, 東日本大震災においても観察されている。たとえば, 中央防災会議 (2011c) の避難実態調査は,「最初に避難しようと思ったきっかけ」について尋ねている (この設問の有効回答数763人, 複数回答可)。その結果, 選択されたきっかけの1位は当然とも言える「大きな揺れから津波が来ると思ったから」であったが, それに続く2位は「家族または近所の人が避難しようと言ったから」(20％) であり, 3位「津波警報を見聞きしたから」(16％), 4位「近所の人が避難していたから」(15％) と続いた。このデータにも, 避難行動が新たな避難行動を誘発する災害情報として機能すること, すなわち,「てんでんこ」が他者の避難を触発するポテンシャルをもつことが示唆されている。

　「てんでんこ」が, 避難する人がさらに避難する人を生む増殖の構造を利用した教えでもあることを示す実証的な根拠を, もう一つ挙げておこう。それは, 集合行動に関する実験研究の結果である (Sugiman & Misumi, 1988)。この研究では, 閉所空間における火災などを想定した2つの避難誘導法の効果性が, 実際の地下街を使った現場実験を通じて比較検証された。第1の「指差誘導法」(Follow Directions Method) では, 誘導者は,「出口はあちらです。あちらに逃げてください」と大声で叫ぶとともに, 上半身全体を使って出口の方向を指し示した。これは, 伝統的な避難誘導法である。第2の「吸着誘導法」(Follow Me Method) では, 誘導者は, 自分のごく近辺にいる1名ないし2名の少数の避難者に対して,「自分についてきてください」と働きかけ, その少数の避難者を実際にひきつれて避難した。したがって, この誘導法においては

誘導者が出口の方向を告げたり，多数の避難者に対して大声で働きかけたりすることはなかった。

　実験の結果，一定の制約条件はあるものの，「吸着誘導法」がより高い避難効率を実現することが見いだされた。これは，「吸着誘導法」において，誘導者と1，2名の被誘導者から成る当初は小規模な避難行動のコア（核）に，誘導者による直接的な働きかけは受けていない周囲の人びとも急速に巻き込まれ（吸着され），この波及効果が「指差誘導法」よりも早くまた効率的に，出口へと向かう避難群集流を生成するからである。その後，このメカニズムの存在は，この実験結果を追試したコンピュータ・シミュレーション研究によって，より精細に実証されている（岡田・竹内，2007）。

　「吸着誘導法」における誘導者と初期の数名の被誘導者が，最初に「てんでんこ」する人びと，言いかえれば，「率先避難者」に相当することは明瞭であろう（なお，「率先避難者」は，大声で避難を呼びかけながら率先避難するとされているので，正確には「吸着誘導法」と「指差誘導法」の双方の性質を兼備している）。「てんでんこ」は，それがもたらす波及効果によって迅速かつ効果的に避難群集流を形成し，皆で助かるための「共助」の知恵としても機能しているのである。すなわち，「てんでんこ」が「自分だけ助かれば良いということでは決してない」（3節）ことは，この実験でも立証されている。

5　第3の意味――相互信頼の事前醸成

　前節では，「てんでんこ」が，「共助」の機能をも有していることを指摘した。ただし，時間的なフェーズについて言えば，この第2の意味も，スタンダードな意味（第1の意味）と同様，緊急の避難の局面において「てんでんこ」が発揮する機能に関わるものであった。

　しかし，「てんでんこ」の教えは，緊急期のみならず事前の準備期（日常期）にも及ぶ。それは，実際の避難時に「てんでんこ」が有効に機能するためには，ある重要な前提条件が事前に満たされている必要があるからである。その前提

条件とは,「てんでんこ」しようとする当人にとって大切な他者——当人がもっとも助かってほしいと願っている人(人たち)——もまた,確実に「てんでんこ」するであろう,という信頼である。

たとえば,自宅で津波の危険を感じた親は,「てんでんこ」しようにも,学校で同じ状況に直面しているはずのわが子もまた「てんでんこ」してくれることを期待できなければ,実際に避難することはむずかしいであろう。つまり,「てんでんこ」の原則にとって,各人が自ら「てんでんこ」することとまったく同様のレベルで,大切な他者が「てんでんこ」することへの信頼が,死活的な重要性をもっている。

さらに,この信頼は,反対方向にも相補的に形成されている必要がある。上の例で言えば,学校にいる子どももまた,自分の親が「てんでんこ」してくれることを信頼できなければ,安心して「てんでんこ」できない。信頼は,双方向の相互信頼である必要がある。もちろん,ここで言う信頼がなければ,絶対に「てんでんこ」できないと主張したいわけではない。東日本大震災でも,大切な他者の様子を知る由もなく,やむなく「てんでんこ」に避難した人たちも多い。ただし,ここで言う相互信頼が醸成されていれば,「てんでんこ」の有効性が飛躍的に向上することは確実である。

ここまでを整理しておこう。「てんでんこ」が有効に機能するためには,次の諸条件が満たされていることが望ましい。すなわち,①あなたが「てんでんこ」することを,私は信じている(そうでないと,私も「てんでんこ」できない)。同様に,②私が「てんでんこ」することを,あなたは信じている(そうでないと,あなたは「てんでんこ」できない)。そして,厳密には,この相互関係はさらに入れ子になって,より高次なものへと発展していく。すなわち,③「あなたが『てんでんこ』することを,私は信じている」(上記①)と,あなたは信じている(だから,2人とも安心して「てんでんこ」できる)。同様に,④「私が『てんでんこ』することを,あなたは信じている」(上記②)と,私は信じている(だから,2人とも安心して「てんでんこ」できる)。このように,「てんでんこ」は,その効果的な実現の前提条件として,ここで言う相互信頼

が，家族で，隣近所で，あるいは地域社会で，多方面に，そして多段階で成立していることを要請している。

　このような相互信頼の重要性を示す具体的な事例と調査データを参照しておこう。まず，相互信頼が奏功した事例として，再び「釜石の奇跡」を引くことができる。「釜石の奇跡」をリードした片田氏は，事前の防災教育で次のように指導していた。「いざ津波が襲来するかもしれない，というときに，本当に家族のことを放っておいて，自分一人で避難することができるでしょうか？　多くの場合，不可能ではないでしょうか。…（中略）…しかし，それでは先人が危惧したように，一家全滅してしまうのです。つまり，『てんでんこ』の意味するところは，いざというときにてんでばらばらに避難することができるように，日頃から家族で津波避難の方法を相談しておき，『もし家族が別々の場所にいるときに津波が襲来しても，それぞれがちゃんと避難する』という信頼関係を構築しておくこと」（群馬大学広域首都圏防災研究センター，2011）。これを踏まえて，釜石市における津波防災教育では，子どもの保護者に対して，「子どもには一人でも避難することができる知恵を持たせるための教育をしっかり行うので，いざというときには子どものことを信用して，保護者の方々もちゃんと避難してほしい」というメッセージを発信していた。このような相互信頼を日常から醸成すべく人びとを促すことこそが，緊急時のふるまいと並んで，いやそれ以上に，「てんでんこ」の本質の一つだと言える。

　大切な他者のふるまいを信頼することができなかったことが，「てんでんこ」にブレーキをかけたことを示す調査データが，反対方向から，「てんでんこ」における相互信頼の重要性を立証している。まず，ウェザーニューズ（2011）が行った津波避難調査を参照してみよう。本調査は，同社が展開するインターネットや携帯型端末のサービス利用者を対象に，2011年5月から6月にかけて実施されたものである。回答者は，北海道・青森県・岩手県・宮城県・福島県・茨城県・千葉県の1道6県で被災された方で，回答総数は5,296件である（矢守・中神・宇野沢・上山・本田・笠井・永井・岩田・今村，2011）。本調査の大きな特徴の一つは，回答者に自分自身に関する回答を求めるパート1と共に，

「身近でお亡くなりになった方」の状況について尋ねるパート2が盛り込まれている点である（上記件数には，回答者（生存者）自身に関する回答3,298件，および，亡くなった方に関する（回答者の）回答1,998件が含まれる）。

　注目すべきは，避難場所から再び危険な場所へ再移動したかどうかを尋ねる質問において，生存者の回答と亡くなった方（に関する生存者）の回答に見られた明瞭な差異である。生存者で「再移動した」と回答したのは23％であったが，亡くなった方（に関する生存者の回答）では，60％が「再移動した」となっていた。ここで，亡くなった方が「なぜ再び危険な場所へ移動したか」を尋ねたところ，生存者による回答の第1位は「家族を探しに」（31％）であった。すなわち，亡くなった方は生存者よりもはるかに多く危険箇所に再移動しており，その最大の理由は大切な他者のふるまい（安否）に対する懸念だったと，生存者（回答者）は推定しているのである。

　同様の傾向を示すデータは，他にもある。先に引用した中央防災会議（2011c）の調査（回答総数870人，複数回答可）では，揺れがおさまった直後に避難しなかった人びと，すなわち，何らかの行動をすませて避難した人びと（用事後避難群の267人），および，何らかの行動中に津波が迫る中で避難した人びと（切迫避難群の94人）に，すぐ避難しなかった理由を問うている。その結果，1位「自宅に戻ったから」（22％），2位「家族を探しにいったり，迎えにいったりしたから」（21％），3位「家族の安否を確認していたから」（13％）が，4位「過去の地震でも津波が来なかったから」（11％），5位「地震で散乱した物の片付けをしていたから」（10％），6位「様子を見てからでも大丈夫だと思ったから」，「津波のことは考えつかなかったから」（いずれも9％）などを大きく上まわった。すなわち，即座に避難しなかった（あるいは，できなかった）のは，津波の危険の過小評価よりも，大切な他者に対する懸念（別言すれば，大切な他者の避難に対する信頼の低さ）からであることが，ここでも示唆されている。

　上記の調査結果を踏まえて，中央防災会議（2011c）が，「『家族を探す』，『自宅へ戻る』といった行動が，迅速な避難行動を妨げる要因になっている。

この要因を減ずることが被害軽減に結びつく」と指摘しているように,「てんでんこ」の極意は,単に,「そのとき」のふるまいにのみあるのではなく,関係者が日常的にどのような信頼関係を作っておくかにもかかっている。すなわち,親と子,教員(学校)と保護者(家庭),職場(雇用者)と従業員の家族などの間で,即時避難に関する強い相互信頼を醸成しておくこと―これが「てんでんこ」の第3の意味なのである。

ただし,「てんでんこ」に避難することを相互に信頼しあうどころか,逆に,「てんでんこ」に避難することは困難であろうと考える他ない人びとも存在する。つまり,独力での即時避難は困難であると予想される人びとに伴う課題(3節で指摘)は,もちろん,依然として残っている。これについては,最後の7節で触れることにする。

6　第4の意味──生存者の自責感の低減
（亡くなった人からのメッセージ）

巨大津波は,ときに人間・社会にはなすすべもなく,多くの人命を奪い財産を破壊してきた。特に,「てんでんこ」が誕生する舞台となった三陸地方は,東日本大震災も含めて,この冷徹な事実に繰り返し直面してきた。それでも,多くの人が危機的な状況を生き抜いてきた。そして,「てんでんこ」は,当然のことであるが,亡くなった方というより生き延びた人びと,つまり,これからを生き抜こうとする人びとが誕生させ,語り継いできた言葉である。そうだとすれば,「てんでんこ」は,津波来襲という緊急時に人命を守る知恵・教えであると同時に,大災害という悲劇の後を生きていこうとする人びとに対しても,何らかのメッセージをもっているはずである。実際,筆者の見るところ,「てんでんこ」は,緊急時のみならず,災害後を生きる人びとや被災後の地域社会に対して独特の心理的作用を生む一面,すなわち,第4の意味をもっている。

ここで,以下のような仮想的なケースについて考えてみよう。幼い孫とその

祖母を含む家族が津波に襲われたとする。一緒に暮らしていた孫を含む家族は，幸い，津波を振り切って高台に避難した。しかし，別居していた祖母は，不幸にして間に合わず津波の犠牲になったとする。このとき，次の2つの場合を考えてみる。

最初は，この孫が，「おばあちゃんは，常々，津波のときは"てんでんこ"だよと繰り返していた」という形で祖母の死をふりかえる場合である。「わたしも"てんでんこ"するし，お前も絶対"てんでんこ"するんだよ」（まさに前節で述べた相互信頼である），このように祖母から語りかけられていたからといって，この孫が祖母を亡くした悲しみや苦しみを簡単に克服できるわけではもちろんないだろう。しかし，「てんでんこ」の約束（相互信頼）は，「"てんでんこ"なのだから，祖母を救いに行くことは望ましくない。祖母もそれを期待していない」という心理的作用を通じて，孫の自責感をわずかであれ緩和することも事実であろう。

このことの重要性は，家族や親族など，災害で大切な人を亡くした遺族が，長きにわたって，独特の自責の念に苦しめられることを考えてみれば，よくわかる。たとえば，筆者は，阪神・淡路大震災の被災者（遺族が中心）が結成した語り部グループ（「語り部 KOBE 1995」という団体）で，15年近く（2013年時点）活動を共にしている（詳細は，矢守，2010；矢守・渥美・近藤・宮本，2011を参照）。その経験によれば，災害の遺族は，被災から15年以上を経てもなお，たとえば，「もっと丈夫な家に住んでおけば」，「自分がもう少し早く起きていれば」，「もう一泊していけなどと言わなければ」など，亡くなった家族に自分が何ごとかをなしえた可能性，すなわち，自らの力で大切な他者の死を回避しえた可能性をベースにした自責感に，多かれ少なかれ苛まれ続けている。

つまり，被災によるトラウマとは，悲惨な出来事の体験自体に直接由来するのではない。むしろ，それにもかかわらず自分はその出来事を生き延びたという体験の特異性に由来している。わかりやすく言えば，どうして，あなたではなく私が生き残ったのか。逆に言えば，どうして，私ではなくあなたが死んだのか。私にそれに対する責任があるのではないか。この答えなき問いが被災者

を苦しめ続けるのである。

　以上をここで論じている仮想的なケースにあてはめれば，孫が次のような状況に至る場合も，十分にありうるということである。すなわち，「おばあちゃんは私の助けを待っていたのではないか」，「おばあちゃんを救うためにできたことがあったのではないか」，さらに極端な場合には，「わたしを助けに来ようとしておばあちゃんは亡くなったのではないか」という感覚を，この孫が抱く場合である。しかも，上記のトラウマの議論を踏まえれば，この孫が，相当長期にわたってそうした感情に苦しむ可能性もある。

　以上を踏まえれば，「てんでんこ」が，生き残った者に独特の心理的作用，すなわち，自らは避難を完了し生き延びた一方で，大切な他者を救えなかったという自責の念を軽減する作用をもつことは明らかであろう。また，同じ作用は，個人だけでなく，集落やコミュニティにも及ぶと思われる。つまり，「てんでんこ」は，相互に大切な他者と認定しあう少人数のユニットにのみ通用するのではなく，被災した集落全体にも作用し，「もっとなすべきことがあったはず」という自罰的な感情から集落を解放する働きがある。この意味で，皆が一致協力してコミュニティの再起を期して，新しい生活と集落をつくりあげていくための態勢を整えるための知恵としても，「てんでんこ」は機能してきたと思われる。

　実は，「てんでんこ」の普及の契機となった山下文男氏の父のエピソード（2節）が，すでに，「てんでんこ」のこの側面を示唆している。すなわち，山下氏がふりかえる「てんでんこ」の端緒は，「昭和の津波のとき，末っ子（小学三年）だった私の手も引かずに，自分だけ一目散に逃げた父親の話をし，後で，事あるごとにその非情を詰る母親に対して『なに！　てんでんこだ』と，向きになって抗弁した父親…（後略）」であった（山下，2008，p. 232）。このエピソードは，「てんでんこ」が，明治の三陸大津波を経験した山下氏の父親の骨の髄まで滲みた津波への警戒感（「その時」を生き抜くための知恵）を育んできたと同時に，生き残った者が図らずも抱えてしまう感情（自分（だけ）が逃げることができたことに対する独特の自責感）を和らげる機能をも，「てんでん

こ」が有していることを示している。このように,「てんでんこ」は,「おらに構わずお前は生きろと言ってくれた」という理解を生き残った者に許容する点で, 亡くなった者が生き残った者へ届ける寛容と励ましのメッセージという一面をもっている。

　間接的にではあるが, 以上のことを示唆するデータも存在する。再び, 5節で述べたウェザーニューズの調査（生き残った人（生者）, および, 亡くなった人（死者）に関して生者が回答したデータを含む）を参照しよう（矢守・中神ら, 2011）。同調査に,「普段から津波に対する準備をしていましたか」と問う項目がある。この質問について, 何らかの具体的な準備をしていたことを示す回答（「避難経路を知っていた」「津波の防災訓練をしていた」など）ではなく,「準備はしていなかった」と回答した人の割合に注目してみよう。すると, 生者は, 59％が「準備はしていなかった」と回答したのに対して, 死者はわずか16％であった。

　重要なことは, ここで言う死者のデータは,「身近で亡くなった方」を念頭に置いて「生者」が回答したデータだという事実を素直に見つめることである。すなわち, ここで比較されている2つのデータは, 生者と死者の状況を同じ平面上で比較しているというよりも, 生者が死者についてふりかえるときに生じる独特のバイアスの方を表現していると考えるべきである。たしかに, 死者が生者よりも実際に津波対策に熱心であった可能性も抹消することはできない。たとえば, 東日本大震災でハザードマップの内容を知っていたからこそ,（たとえば, 自らに危険はないと判断するなどして）不幸にして避難が遅れた方がいたことは事実である（第2章2節(2)項を参照）。

　しかし, これほど歴然とした差異が生まれるのは, むしろ, 生者が死者について回顧的に語るときに生じる独特のバイアスが影響していると見るべきであろう。すなわち, 死者はなすすべもなく亡くなったわけではない。生き残った自分よりもむしろよく準備をしていた。それにもかかわらず力及ばず亡くなった。このような回顧形式が好まれる結果として, 本データは得られたと見るべきである。

このことは，一方で，生存者の亡くなった人への配慮（たとえば，準備不足がたたって亡くなったとは考えない）を示している可能性もある。また他方で，「もっとこうしてあげればよかった」，「助けられたはずだ」とする自罰的感情から逃れようとする傾向性が生者の側に存在していることを，間接的な形ではあるが示唆してもいる。「てんでんこ」も，これと同様の回顧形式や理解——「亡くなった人も，"てんでんこ"した（しようとした）。それにもかかわらずそれも及ばず犠牲になった」——を生存者に許す働きをもっていると考えられる。

7　総　括——矛盾や葛藤を含みこんだ情報（知恵）

以上，本章では，「てんでんこ」が，多面的な意味をあわせもつ重層的な言葉（情報・知恵）であることを見てきた。特に，それが，いわゆる災害マネジメントサイクルのすべての局面に関与する点は重要である。自然現象としての災害（特に本書で問題にしている地震や津波）は，相対的に短時間に発生するとしても，その社会的インパクトは長期にわたるという主張は，むしろ旧聞に属する。しかし，たとえ，そのように理解したとしても，近年の防災研究ですら，結局は，事前の準備期（preparedness），緊急の対応期（response），その後の復旧・復興期（recoveryやreconstruction）がそれぞれ独立した様相として論じられている場合が多い。

これとは対照的に，「てんでんこ」は，2節でふりかえったように，相当に旧い概念でありながら，一つの教えの中に，さまざまな要素が畳み込まれている。すなわち，たしかに，「てんでんこ」は，表面的には，一刻を争う津波避難時の行動原則に焦点化した用語である。しかし，見てきたように，「てんでんこ」は，それと同時に，事前の社会（家族やコミュニティ）のあり方，逆に，事後の人心の回復やその結集にも大きな意味をもつ教えであった。さらに，一見「自助」のみを強調するかに見える「てんでんこ」が，実は，「共助」の重要性を強調する要素を大幅に有していることを踏まえれば，「てんでんこ」が，「総合的な災害リスクマネジメント」（亀田・萩原・岡田・多々納，2006）の必

要性を先駆的に予見した用語でもあったことが了解できる。

　最後に，これまでの節で積み残しにしてきた課題，すなわち，「てんでんこ」が困難だと思われる人びと――典型的には，今日，災害弱者や災害時要援護者と呼ばれる人びと――の津波避難に関する問題について触れておこう。現時点で，筆者に，この問題を一気に解消する方法を提示する力量はない。先に引用した毎日新聞社（2011）が，「どう考えても『てんでんこ』と自主防災組織は矛盾する」というきびしい言葉（東日本大震災で被災した町内会長による）で記事を締めくくっているように，ここには，容易には解決できない葛藤・矛盾・対立が存在している。

　特に，東日本大震災の発生前，高齢者などが自然災害の犠牲となる事例が増加する中で，「共助」の旗印のもとで，たとえば，消防団員，自主防災組織メンバー，民生委員などが災害時要援護者対応にあたることが陰に陽に期待されていた。今回，これらの人びとが非常に多く津波の犠牲になった事実が，この問題の解決が容易でないことをあからさまにすることになった（たとえば，総務省消防庁（2011）によれば，同震災で犠牲になった消防団員は，東北三県で合計254人にものぼる）。

　とはいえ，現時点で確実に提起できることもある。それは，この問題が抱える矛盾・葛藤・対立を，単純な行動ルールなどを設定して拙速に解消してしまわないことである。東日本大震災を経験した今なすべきことは，むしろ，矛盾・葛藤・対立と真摯に向き合い，それらをわかりやすい形で表現（可視化）し，当事者を含め多くの人びとが，個別の事情を踏まえながら，その軽減・解消策を具体的に考慮するための仕組みやツールを整えることである。

　よって，これまでの議論で示したように，「てんでんこ」についても，この原則を，それさえ守っていればすべてが解決する秘策であるかのように扱うことは，この言葉の普及に尽力されてきた山下氏の真意にも反している。また，たびたび引用した「釜石の奇跡」についても，その成果だけでなく，片田氏はじめ多くの関係者が直面してきた矛盾・葛藤・対立と，その解消に向けた関係者の真摯な取り組みにこそ注目すべきである（片田，2012）。

矛盾・葛藤・対立を重視するとは，要するに，(「東日本大震災」における)津波避難について，何らかの教訓や知識を表現しようとするときには，一意命題の様式(「AなすべしノBなすべからず」といった単純な行動ルールや，その派生形としての「Cの場合はDなすべし」)よりも，そこに認められる葛藤・矛盾・対立をそのまま保存した様式を用いるということである。これは，第1章で指摘した，3つの災害情報のダブル・バインドのうち，特に，客観的な災害情報観を再生産するダブル・バインドの克服にもつながる論点である。「津波てんでんこ」の重層性に象徴されているように，津波避難については，相互に矛盾する多義的な事実が存在すること自体が，むしろ災害情報として集約され伝達されるべきなのである。こうした考えに立脚した災害情報の集約ツール，また，防災教育ツールとして，防災ゲーム「クロスロード」(第1章6節(2)項，第8章5節(1)項参照)を挙げておくこともできる(矢守・吉川・網代，2005；吉川・矢守・杉浦，2009；河田・矢守，2012)。

多面的な意味をあわせもつ重層的な教えである「てんでんこ」は，常に，矛盾・葛藤・対立がつきまとう津波避難を象徴する言葉でもある。東日本大震災を経験した今こそ，「てんでんこ」の精神をくみとった，重層的で相互に葛藤する内容を含み込んだ災害情報と，その可視化の方法が要請されている。同時に，そうした方法に基づいた地道で多面的な津波避難対策が，これまで以上に必要とされている。筆者らが近年展開している津波避難のための「個別訓練：タイムトライアル」(第8章6節(3)項)を，そうした対策の第一歩として位置づけて本章を閉じたい。

〈文　献〉

朝日新聞社 (2011) キーワード「てんでんこ」 朝日新聞 (2011年9月10日付)

文藝春秋 (2011) つなみ——被災地のこども80人の作文集　文藝春秋

中央防災会議 (2011a) 東北地方太平洋沖地震を教訓とした地震・津波対策に関する専門調査会報告 [http://www.bousai.go.jp/jishin/chubou/higashinihon/houkoku.pdf]

中央防災会議 (2011b) 東北地方太平洋沖地震を教訓とした地震・津波対策に関す

る専門調査会報告参考図表集 [http://www.bousai.go.jp/jishin/chubou/higashinihon/sankou.pdf]

中央防災会議（2011c）東北地方太平洋沖地震を教訓とした地震・津波対策に関する専門調査会第7回会合（資料1：平成23年東日本大震災における避難行動等に関する面接調査（住民）分析結果）[http://www.bousai.go.jp/jishin/chubou/higashinihon/7/1.pdf]

群馬大学広域首都圏防災研究センター（2011）釜石市がこれまで行ってきた津波防災教育 [http://www.ce.gunma-u.ac.jp/bousai/research02_1.html]

「いのちを守る智恵」制作委員会（2007）いのちを守る智恵――減災に挑む30の風景　特定非営利活動法人レスキューストックヤード

河北新報社（2011）「てんでんこ」の扱いで論戦――釜石市議会特別委　河北新報（2011年10月25日付）[http://www.kahoku.co.jp/spe/spe_sys1062/20111025_03.htm]

亀田弘行・萩原良巳・岡田憲夫・多々納裕一（2006）総合防災学への道　京都大学出版会

金菱清（2012）3・11慟哭の記録――71人が体感した大津波・原発・巨大地震　新曜社

片田敏孝（2006）災害調査とその成果に基づく Social Co-learning のあり方に関する研究　土木学会調査研究部門　平成17年度重点研究課題（研究助成金）成果報告書 [http://www.jsce.or.jp/committee/jyuten/files/H17j_04.pdf]

片田敏孝（2011）東日本大震災に見る防災のあり方　アカデミア，**99**，6-9. [http://www.jamp.gr.jp/academia/images/99_04.pdf]

片田敏孝（2012）人が死なない防災　集英社

片田敏孝・児玉真・桑沢敬行・越村俊一（2005）住民の避難行動にみる津波防災の現状と課題――2003年宮城県沖の地震・気仙沼市民意識調査から　土木学学会論文集，**789**/Ⅱ-71，93-104.

河田慈人・矢守克也（2012）ポスト・東日本大震災における津波防災の課題の体系化――「クロスロード・津波編」の作成を通じて　災害情報学会第14回研究発表大会予稿集　pp. 360-363.

河田惠昭（2010）津波災害――減災社会を築く　岩波書店

吉川肇子・矢守克也・杉浦淳吉　2009　クロスロード・ネクスト――続：ゲームで学ぶリスク・コミュニケーション　ナカニシヤ出版

国土交通省（2011）東日本大震災の津波被災現況調査結果（第3次報告）——津波からの避難実態調査結果（速報）[http://www.mlit.go.jp/common/000186474.pdf]

近藤誠司・矢守克也・奥村与志弘（2011）メディア・イベントとしての2010年チリ地震津波——NHKテレビの災害報道を題材にした一考察　災害情報, **9**, 60-71.

毎日新聞社（2011）答えでないてんでんこ　毎日新聞（2011年7月3日付）[http://mainichi.jp/select/weathernews/20110311/shougen/archive/news/20110703ddm041040072000c.html]

村井俊治（2011）東日本大震災の教訓——津波から助かった人の話　古今書院

根岸康雄（2012）生存者——3・11大槌町, 津波てんでんこ　双葉社

岡田裕作・竹内則雄（2007）避難時における指差誘導法及び吸着誘導法に対するシミュレーション　法政大学情報メディア教育研究センター研究報告, **20**, 55-62.

三陸新報社（2011）巨震激流（3.11東日本大震災）　三陸新報社

篠澤和久（2012）災害ではどんな倫理的問いが出されるのか——「津波てんでんこ」を手がかりとして　直江清隆・越智貢（編）　災害に向きあう（高校倫理からの哲学（別巻））　岩波書店　pp. 95-117.

総務省消防庁（2011）東日本大震災を踏まえた大規模災害時における消防団活動のあり方等に関する検討会　第1回委員会配付資料　6. [http://www.fdma.go.jp/disaster/syobodan_katudo_kento/index.html]

Sugiman, T., & Misumi, J. (1988) Development of a new evacuation method for emergencies: Control of collective behavior by emergent small groups. *Journal of Applied Psychology*, **73**, 3-10.

サーベイリサーチセンター（2011）宮城県沿岸部における被災地アンケート調査報告書 [http://www.surece.co.jp/src/research/area/pdf/20110311_miyagi.pdf]

ウェザーニューズ（2011）東日本大震災津波調査（調査結果）[http://weathernews.com/ja/nc/press/2011/pdf/20110908_1.pdf]

山下文男（1997）津波——TSUNAMI　あゆみ出版

山下文男（2005）津波の恐怖——三陸津波伝承録　東北大学出版会

山下文男（2008）津波てんでんこ——近代日本の津波史　新日本出版社

矢守克也（2009）防災人間科学　東京大学出版会

矢守克也（2010）アクションリサーチ——実践する人間科学　新曜社
矢守克也・渥美公秀・近藤誠司・宮本匠（2011）ワードマップ——防災・減災の人間科学　新曜社
矢守克也・吉川肇子・網代剛（2005）ゲームで学ぶリスク・コミュニケーション——「クロスロード」への招待　ナカニシヤ出版
矢守克也・中神武志・宇野沢達也・上山亮佑・本田真一・笠井康祐・永井友理・岩田啓孝・今村文彦（2011）東日本大震災における津波避難に関する大規模調査（速報）——今後の調査分析と知見活用に必要なこと　第30回自然災害学会学術講演会講演概要集　pp.55-56.

第5章

「自然と社会」を分ける災害情報
―― 神戸市都賀川災害 ――

　本章では，2008年7月28日に起きた神戸市の都賀川災害を事例とするケーススタディの結果について報告する。本章の焦点は，災害情報によって，「自然」（危険な空間／危険な時間）と「社会」（安全な空間／安全な時間）とを明確に区分けすることは可能か，という点にある。この区別は，以降，基本的には，「自然」と「社会」の対比として記すが，「災害」と「日常（暮らし）」と表記することも可能である。

　近年，本事例に限らず，親水施設（河川敷の遊歩道，公園など水や川に親しんでもらうことをねらいとして建設された施設）など河川区域内にいた人が，急な増水に巻き込まれる事例が増加している。こうした事例において，少なくとも当事者が，「思わぬ場所で，思わぬ時に」災害に出会ったと認識している事実は，「自然」（河川の増水や洪水）と「社会」（まちにおける人びとの暮らし）とを空間的，時間的に完全に分離できることを前提にした防災施策こそが，逆説的に，被害発生を助長している一面があることを示している。むしろ，空間的な分離（たとえば堤防による），または，時間的な分離（たとえば災害情報による）を図ろうとしてきた従来の防災対策を見直し，「自然」と「社会」とは本質的に交絡・融合していて分離困難であることを人びとに（再）認識してもらえるような対策と災害情報こそが必要である。

　本章で取り上げる都賀川災害とは，神戸市灘区を流れる都賀川が急に増水し，親水施設にいたと見られる5人が亡くなった事例である。まず1節で，本災害の概要を記し，2節では，現地調査と関係者からの聞き取り調査によって明らかにした地域事情――阪神大水害（1938年）と河川改修の経緯，住民団体「都賀

川を守ろう会」の活動，阪神・淡路大震災（1995年）の影響——についてまとめる。その上で，3節で，「自然と社会」の交絡・融合の観点から見た本事例の特徴について分析し，4節で，災害を受けて実施された諸対策の是非について検証する。さらに，5節で，まとめの意味で，地域社会における類似事例の体験共有，および，葛藤を伴ったリスク・コミュニケーションの重要性について指摘する。最後の6節では，都賀川をめぐる最新の状況について簡単に補足する。

1　2008年都賀川災害

2008年7月28日14時40分頃，神戸市灘区を流れる都賀川が急に増水し（10分間で約1.3メートルの水位上昇），篠原橋付近などで5人が亡くなる災害が発生した（なお，本件は通常，「都賀川（水難）事故」と称される）。現場付近の略図を図1に示す。なお，本災害が発生した都賀川を含む六甲山水系全体の略図，および，災害発生当日の都賀川周辺の降雨状況，河川流量など，本事例の自然現象としての側面に関する詳細なデータについては，土木学会都賀川水難事故調査団（2009）を参照されたい。

本災害の犠牲者は，同川に設けられた親水施設に遊びに来ていた学童保育の子どもや，高水敷に設けられた遊歩道を歩いていたと見られる人であった。学童保育は，児童19人が，職員ら3人に引率されていた。また，亡くなった5人の他にも，危ういところで自力避難した人，あるいは救助された人も合計52人にのぼっていた（灘署発表）。

災害の直接的原因は，現場付近で短時間に降った大雨である。神戸海洋気象台によれば，同日13時55分には，同地域を含む阪神地域に最初の大雨・洪水警報を発令。現場がある神戸市では14時20分頃に雨が降り始めた。その約30分後には，10分間雨量が15ミリとその日のピークに達した。同じ頃，都賀川周辺でも，上流域にあたる六甲山地ではなく被害発生現場に近い山麓部で短時間に激しい降雨があった。具体的には，14時30分から15時の30分間に，災害現場からわずか1.5キロしか離れていない永峰で38ミリ，鶴甲で36ミリを記録した。こ

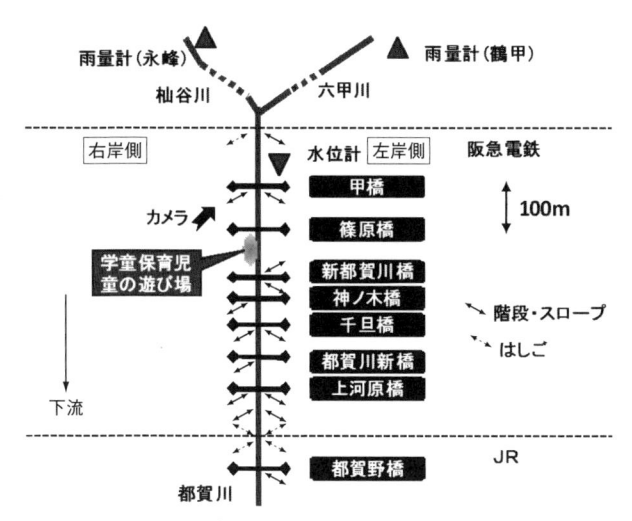

第5章 「自然と社会」を分ける災害情報

図1 都賀川周辺および災害現場の略図

うした短時間の降雨に加えて，急勾配の山地と海が近接するという都賀川の地形的な特徴も，今回の災害の背景となっている（図2を参照）。都賀川の河床勾配は河口付近で200分の1，中流では40分の1から100分の1で，河床が海抜50メートルとなる地点は，河口からわずか約2キロの地点である。

筆者は，共同研究者の牛山素行氏と共に，災害の3，4日後の7月31日および8月1日に災害現場を現地調査した。調査の結果，①洪水痕跡は認められるが，高水敷にある遊歩道面上数10センチ程度であること，②河川空間が「壁に囲まれた空間」となっていること，すなわち，両岸は高さ4メートル前後の護岸（石積みが主体で傾斜70度前後）で自力でよじ登ることはほとんど不可能であること（図3を参照；新都賀川橋付近），③堤防敷とのアクセスとなる階段，スロープ等が随所に設けられているが，最大で200メートル近く存在しない箇所があること（図1参照），④学童保育の子どもらが雨宿りした篠原橋下の地点は，最寄りのアクセス地点（上流側右岸の甲橋付近の階段，および，下流側右岸神ノ木橋付近の階段）まで，大人の足で60秒前後要する地点であったこと，などが判明した。

現地調査の後，関連資料（新聞記事や地元自治体の公表資料）の収集，「都賀

第Ⅱ部　事例に見る災害情報

図2　都賀川と上流の六甲山系　　図3　現場周辺の護岸と階段（階段脇に花束が置かれている）

川を守ろう会」（後述）をはじめ関係者から聞きとり調査も行った。さらに，筆者が一員として加わった土木学会都賀川水難事故調査団が，2008年10月12～13日に実施した「都賀川親水施設利用者調査」（通行人に対する聞きとり調査）から得た情報（詳しくは，同調査団（2009）や多々納・矢守（2009）を参照），および，2008年12月に都賀川流域の4小学校が合同で開催した「都賀川子どもフォーラム」（都賀川に関する調べ学習の成果発表会）における聞き取り調査から得た情報も参考にした。

2　都賀川の現代史——水害と河川改修／「都賀川を守ろう会」／阪神・淡路大震災

　本災害は，上記期日における突発的な事象としてではなく，「自然」（災害・河川）と「社会」（まち・暮らし）の関係をめぐる現代史の中で，その意味を考えるべき事象である。特に，①阪神大水害と河川改修の経緯，②住民団体「都賀川を守ろう会」の活動，③同地域が阪神・淡路大震災の被災地であったこと，以上3点が重要である。

　「阪神大水害」，別称「昭和13年災害」（1938年）は，死者・行方不明者695名を数えた大災害で，阪神・淡路大震災以前は，神戸で災害と言えばこの災害を意味するほどの衝撃をこの地域に与えた。都賀川周辺地域の被害も甚大で，特

に，埋め立てによる川幅の狭小化と上流部の六甲川・杣谷川の暗渠化が問題視された。この結果，1939年（昭和14年）から1950年（昭和25年）にかけて，両川の開渠化，都賀川の拡幅・護岸工事を主体とする河川改修が実施された。しかし，その後，1967年（昭和42年）にも，都賀川で崩壊箇所376箇所を数える水害が発生した。谷あいにまで宅地が拡がる急速な都市化が，災害発生の一因とも，また被害拡大の一因とも指摘された（兵庫県神戸県民局，2005）。

「都賀川を守ろう会」は，上記の経緯から成立した「コンクリート三面張」の河川構造，および，急速な都市化による人口急増と地域帰属意識の低下などから，「水は川底をチョロチョロと流れる程度，そこに不法に棄てられたゴミやヘドロが溜まり悪臭を放っていた」（同会木村典正事務局長に対する筆者のインタヴューから）都賀川の環境改善を主目的に誕生した団体であった。すなわち，活動のベースには，「川は子どもの頃に魚を取り，水遊びをして楽しく遊んだふるさと。その美しい水辺を取り戻し，次の世代に伝え与えてあげたい」（同上）との思いがある。

発足は，1976年（昭和51年）で，神戸市，兵庫県など地元自治体とも密接な関係を結びつつ，本災害の発生時点では会員2,000人規模へと拡大していた。清掃活動，川開き式と水遊び場の提供，魚のつかみ取り大会，鮎の稚魚放流，「なだ桜まつり」など数々の行事を主催・共催している。また，河川環境の保護を訴える看板の設置，周辺の学校での授業も実施している。同会は発足以来30年を超え，河川環境の保護と地域づくりを一体化して推進する活動としては，パイオニアと言える。1980年（昭和55年）に完成した都賀川公園（新都賀川橋付近の左岸）や，昭和から平成へと移行する時期に整備が進められた魚道などは，直接的には地元自治体が手がけた事業であるが，同会の活動を中心とする地域住民の都賀川との関係の高まりがそれを後押ししたことは疑いがない。なお，同会の活動については，3つの記念誌（都賀川を守ろう会，1986，1996，2006）に詳しい。

阪神・淡路大震災は，「都賀川を守ろう会」を含め，この地域に大きな衝撃を与えた。多くの家屋が倒壊し，死者，けが人も多数にのぼった。また，都賀

第Ⅱ部　事例に見る災害情報

表1　都賀川水害以後の主な出来事

2008年	
7月28日	災害発生
7月29日	都賀川を守ろう会が7月30日，31日予定の「魚つかみ取り大会」などの中止を公表
8月12日	灘区安全会議開催。自治体関係者，警察・消防，自主防災組織メンバーら参加
8月12日	兵庫県，親水施設へのアクセス路188箇所中68箇所で注意を促す看板なしと発表
8月18日	学童保育所が活動再開，安全対策マニュアル作成へ
8月22日	国土交通省が緊急調査の結果公表。急な増水の危険性が高い河川として，兵庫県内では都賀川，夙川をリストアップ。
9月2日	兵庫県が12河川84箇所（都賀川13箇所）にラジオ電波警報システムの導入決定
9月8日	国土交通省が「中小河川における水難事故防止案検討ワーキンググループ」第1回会議を開催
9月8日	神戸市が都賀川増水事故を踏まえた「防災教育教材」を公表
9月11日	周辺小学校で「都賀川学習授業」が予定通り開催
9月17日	周辺地域で増水を想定した防災訓練「河川安全見守りパトロール」実施
10月12日	土木学会都賀川水難事故調査団「都賀川親水施設利用者調査」（13日まで）
12月18日	都賀川子どもフォーラム開催

（出所）　神戸新聞の報道，および，筆者の聞き取りによる

　川と直接関係する重要な事項として，「震災をきっかけに自分たちの川，命の水という意識が高まった」（同会木村事務局長談）点を指摘しておかねばならない。都賀川は，魚道の整備などによって，周辺の他川と比べて水を汲みやすい構造となっていたため，トイレ，洗濯，食器洗い等の生活用水の確保に盛んに利用された。かつ，高水敷が，家屋倒壊による閉塞や交通渋滞によって寸断されていた道路に代わる移動経路としても機能した。

　この経験が，地元自治体による「防災ふれあい河川」，「河川緑地軸」の指定を促し，高水敷の遊歩道（住民や近隣の事業所などに通勤する人びとが日常的に利用），新しい魚道，堤防と遊歩道とを結ぶスロープや階段の新設などを主体とする事業（1996年（平成8年）起工，2005年（平成17年）完成）へとつながった。また，この事業の完成を機に，同川をテーマとする総合学習用の資料（兵庫県神戸県民局，2005）が作成された。この冊子は，同事業の内容の他，都賀川の水害・河川改修の歴史，棲息する生物，「都賀川を守ろう会」の活動などについて取り上げたもので，100ページに及ぶ詳細な資料である。以上が，

2008年7月に起きた災害前の主な経緯である。

　次に，本災害以後，約半年間の主要な出来事については，表1に簡単に集約しておいた。この期間に，本災害を踏まえた対策の多くが実行に移されたからである。表1からわかるように，国，地方自治体，住民団体，学会などが，急な増水に伴う災害による被害軽減に向けて多くの対策を講じている。その効果の検証，その後，現時点（2013年）へと至る経緯については，後の節で触れることにする。

3　「自然」と「社会」の交絡

　2008年7月28日に起こった事象は，上述のように，「（水難）事故」と称されることが多い。すべての出来事は河川区域内で起こっており，越水や破堤などもいっさいないことを考えると，これは当然かもしれない。さらに，事前の注意喚起，災害情報の伝達，緊急避難の方法，あるいは，親水施設のあり方そのものに問題点を見いだし，それを理由に積極的に「事故」という表現を用いているケースもある。

　筆者は，こうした議論—災害因の帰属先やそれに連動して生じる責任論にまつわる議論—に対する直接的な反応としてではなく若干異なった観点から，本事象にあえて「災害」（都賀川災害）という用語をあてている。それは，「自然（河川）」と「社会（まち）」の交絡という観点である。すなわち，この観点に立てば，今回のケースも，通常「水害」と見なされる事象とまったく同型的であることがわかる。

　このことは，「堤外地」，「堤内地」という用語を用いて簡略に示すことができる（図4）。言うまでもなく，堤防によって洪水氾濫から守られている住居や農地のある側を堤内地，堤防に挟まれて水が流れている側を堤外地と呼ぶ。ただし，従前から指摘されるように，一般の人びとに両語を提示してその意味を問うと，正反対の回答が返ってくることも多い。このことは，「自然と社会」とが交絡していること，裏を返せば，時に両者が突如反転することを暗示して

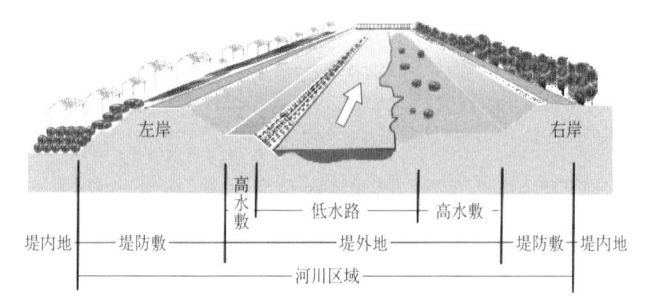

図4　堤外地と堤内地

図5　都賀川にみる「自然」(2008年7月28日14時52分頃の様子)
（出所）　神戸市提供

図6　都賀川にみる「社会」(川開き式のときの様子，図5と同じ地点)
（出所）　兵庫県神戸県民局（2005）

第5章 「自然と社会」を分ける災害情報

いる（図5と図6を参照）。

　さて，今回の事象が発生した親水施設は，堤外地（「川の中」）にある。これは，親水施設が，「自然」の中に突きだした「社会」であることを意味している。「自然」の中の「社会」に，本来の「自然」が戻ってきたことが不幸な被害を生んだわけである。他方，越水や破堤による水害，および，近年特に課題視されている内水氾濫は，「社会」が「社会」でなくなること，つまり，「社会」に「自然」が侵入することによって生じる。しかし，「堤内地」（「社会」）そのものが，かつて「堤外地」（「自然」）であったところを堤で囲って「堤内地」としたものであり，本来，それは「自然」の中にできた「社会」だと理解されなければならない。以上を踏まえれば，通常の水害も，今回のケースと同様，「自然」の中の「社会」に本来の「自然」が戻ってきたことよって生じると理解できよう。

　つまり，「自然と社会」の関係という観点に立って眺めれば，今回のケースと通常の水害（災害）は，異質のものではまったくなく，むしろ同型的である。結局のところ，「災害」とは，本来的に交絡・混融していて，いつどこで，どちらの側面をのぞかせてもおかしくない「自然」と「社会」（「堤外地」と「堤内地」）とが，完全に分離できると思い込んだときに生じる，と言えよう。今回のケースは，その思いこみが，河川区域内で起こったケースであり，通常の水害は河川区域外で起こるケースであるが，その根本構造は同一である。もっとも，念のために追記すれば，「自然と社会」を，—災害情報を通じて時間的に，または，堤防などのハードウェアを用いて空間的に—分離しようと試みることは，もちろん防災上有益であり，そのための努力も続けなければならない。しかし，肝心なのは，その努力は，その完全な達成は不可能であることを自覚しつつ，かつ，その自覚を広く周知せしめながら行われなければならない，という点である。

　実際，近年の河川をめぐる政策・事業の変化に，こうした兆しを見ることができる。国レベルの動きだけに限っても，たとえば，1997年（平成9年）の河川法改正で，治水，利水に加えて，河川がもつ「環境」の重要性が明記された。

次いで，2000年（平成12年）には，国土交通省河川審議会計画部会による中間答申「流域での対応を含む効果的な治水の在り方」が提示され，「あふれることもある」ことを前提とした河川事業が開始された。これと並行して，「川に学ぶ」社会の構築の必要性が強調され，1999年（平成11年）からは，文部省，建設省，環境庁（いずれも当時）の3省庁が連携して，「『こどもの水辺』再発見プロジェクト」が開始された。同事業推進にあたっての報告（国土交通省河川審議会「川に学ぶ」小委員会，1998）には，以下のように記されている。「以前，川はもっと我々の生活に身近なものであった。密接にかかわらなければ，生活できなかったからである。しかし，…（中略）…護岸構造は人を川から物理的，心理的に遠ざけてしまった。また洪水体験の減少や，川を意識せずに水をいくらでも使えるような生活様式が普及したため，川に対する畏れや敬いの心が希薄化したことも，人々が川から遠ざかった要因である」。

こうした動きに呼応して整備された多くの親水施設と各種の親水事業，および，それにつれて増加したとみられる水難事故（急な増水に対する逃げ遅れなどによる）に対応する形で，2000年（平成12年），建設省河川局（当時）は，「危険が内在する河川の自然性を踏まえた河川利用及び安全確保のあり方に関する研究会」による提言を発表した。その副題は，「恐さを知って川と親しむために」であり，これはまさに，「自然と社会」の交絡性に注意を促すものであった（建設省河川局，2000）。さらに，2007年（平成19年）7月には，「急な増水による河川水難事故防止アクションプラン──夏の水遊びの時期を迎えて」を発表し，啓発用のリーフレット「ストップ！ 河川水難事故──急な増水に備えて」（国土交通省河川局，2007）の作成・配布などの対策も進めていた。

4 都賀川災害以後をどう見るか

表1に示されているように，今回の災害を受けて，国，地方自治体，地域住民などがいくつかの取り組みを開始した。主なものは，急な増水，あるいは，その可能性を知らせる警報装置の設置，階段・スロープなどの改修・増設とそ

第 5 章 「自然と社会」を分ける災害情報

の位置を示す看板の設置，増水災害の危険性を訴えるチラシや冊子などの作成，急な増水を前提とした各種訓練，子どもを中心とする地域住民を対象とした教育・啓発活動，などである。

　3 節で示した視点に立てば，これらの対応はいずれも長所・短所を併存させている。言いかえれば，これらの対策群を，ハードが先かソフトが先か，子どもを川に近づけるべきか遠ざけるべきか，事前の教育か緊急時の情報か，などと対立させて論じることはあまり本質的なこととは思われない。これらの対応・施策は互いに並立・相補すべきものである。ただし肝心なことは，どのように並立・相補させるかであり，その鍵が上で述べた「自然と社会」の交絡である。先に述べたように，筆者も，さしあたって「自然と社会」とを区分けすること（たとえば，堤防というハードウェアによる区分け，あるいは，情報による平常時と緊急時の区分け）は必要だと考える。それを完全に欠いた社会は，少なくとも日本社会ではもはや構想しえないだろう。しかし，繰り返しになるが，その区別はあくまで暫定的かつ相対的なもので，両者が本来的に交絡・混融していることを人びとに（再）意識してもらう方向で，これらの施策を並立・相補させることが重要である。

　より具体的に言えば，たとえば，堤防等のハードウェアの拡充，あるいは，避難情報など災害情報の充実は，これまで，多くの場合，無条件で防災上のベターメントになるとされてきた。しかし，それらの施策が，「自然」と「社会」（危険な場所・時間と安全な場所・時間）とを完全に分離可能であることを，暗黙のうちに──第 1 章に言うメタ・メッセージとして──人びとに伝えていたとすれば，逆説的にも，そうした施策そのものが災害発生の誘発因となっていたことをも認識すべきである。都賀川災害から私たちが学ぶべき最重要の課題は，筆者の見るところ，この重要なパラドックス（逆説）である。災害情報がもつこうした逆機能については，第 1 章で，災害情報が有するメッセージとメタ・メッセージの逆立関係として概念化したし，第 2 章 3 節でも，災害情報のパラドックスとして主題的に論じたところでもある。

　以上を踏まえて，ここでは，都賀川災害の後にとられた諸施策について，2

つの側面—施設や警報システムの整備，河川に関する教育・啓発活動—に分けて具体的に検討していこう。

（1）施設や警報システムの整備
①新しい警報システムの導入

都賀川災害を受けて直ちに実施に移された施設面の整備としては，急な増水，あるいは，その可能性を知らせる警報装置の設置，それらの存在を示す看板の設置などがある。このうち，災害後，よい意味でも悪い意味でも，もっとも多く注目を集めているのが警報システムの整備である。兵庫県（2008）によれば，このシステムは，地元のラジオ局の放送電波を利用し，大雨・洪水注意報および警報の発表と連動して回転灯を作動させ，河川利用者に注意喚起するものであり，橋の下など多くの河川利用者が集まりやすい場所に設置するものである。対象となる河川は，親水施設を有する表六甲地域の河川のうち10水系12河川であり（新規と既設改良含め84箇所），都賀川（13箇所）は最優先で施工され，2008年（平成20年）度中には整備が完了した。さらに，2012年からは，回転灯と連動する電光掲示板も稼働を開始した。

本システムは，都賀川災害の発生が，地元気象台による大雨・洪水警報の発令から1時間近く経過した時点で起きたことを反省材料として整備されたものである。気象警報が発令されていることを知らずに河川周辺にとどまることによって引き起こされる同種の災害を軽減する効果はもちろんあると思われる。ただし，いくつかの課題もある。まず，巷間指摘されているように，「ゲリラ豪雨」をはじめとする局地的な気象予測は，近年著しい進捗を見せているとは言え（たとえば，中北，2010），依然として難しい。気象警報が間に合わない場合も十分想定される。また，都賀川には該当しないが，県境を越えた情報伝達・共有システムを構築する必要がある河川も存在する。たとえば，2006年8月の酒匂川上流で発生した事例では，上流の静岡県御殿場市などにおける局地的な豪雨のために急激に水位が上昇，神奈川県内の下流で釣りをしていた25人が逃げ遅れるなどして2人が死亡した。

さらに，都賀川が流れる地域の大雨警報の発令は，この年，災害が発生した2008年7月28日を含め，7月後半だけで計7回にわたっていた。たしかに，本事例に関しては，大雨・洪水警報が親水施設利用者に十分伝わっていなかったことの方が問題であった。しかし，上の事実は，正反対の懸念も存在することを示している。すなわち，仮に，本システムがすでに稼働していたとすれば，7月後半は，2日に1日は回転灯がまわっていたことになる。かねてから指摘される「狼少年効果」（中村，2008）が懸念される状況に至っていた公算も高い。

「システムは故障などで，発動しない場合もある。技術に頼るだけでなく，市民自ら危険を察知するようにすることが必要だ」との室崎益輝氏のコメント（毎日新聞，2008a）に見られるように，警報装置や看板の設置もそれ自体としての効果性はあるにしても，そのことがかえって「警報が発令されていないときは安全」，あるいは，「増水事故の注意を喚起する看板がないところは安心」という意識形成（これも，第1章で指摘した，災害情報がもつメタ・メッセージの一種と考えられる）につながっていないかを確認することの方がより大切だと思われる。言いかえれば，ちょうど，堤防が危険な場所（堤外地）と安全な場所（堤内地）とを完全に分離することができないように，警報システムも危険な時と安全な時とを完全に分離することは困難である。危険（「自然」）と安全（「社会」）が本質的に交絡していることを前提とした他の施策によって補完されてこそ，この種のシステムは有効に機能すると考えるべきである。

②「自然」と「社会」をつなぐ階段・スロープ

階段・スロープといった施設についても同じことが言える。これらは，堤外地（「自然」）と堤内地（「社会」）とをつなぐ接点であり，「自然と社会」との本質的な交絡性を強調する筆者らの視点からもきわめて重要な施設である。この観点から，今後の整備にあたって示唆できることがある。それは，階段，スロープ（それが困難であれば，非常用のハシゴなど）は，親水施設，特に，子どもの遊び場となる空間に最近接する橋の位置に整備することが望ましい，ということである。それは，親水施設（「自然」の中に突き出した「社会」）に「自然」が回帰してきたとき（たとえば，雷雨が襲ってきたとき），橋の下が，「社

会」性がもっとも安定していると認識されやすい場所だからである。

具体的には，大雨時には，雨宿りのため，また落雷への恐怖から，高水敷にいる人びとは橋の下に一時避難・滞留しやすい。実際，本事例でも，学童保育所の児童と引率者は，14時半頃真っ黒な雲が空を覆い始めたため，帰り支度を始めたが，雷が鳴り出したため篠原橋の下へ避難している。また別のところで流されたと見られる園児とその叔母も，14時40分頃，都賀野橋の下で護岸にもたれて雨宿りしていると思われる姿が目撃されている。さらに，もう一人の犠牲者である男性も，増水直前にJR線高架下の都賀川右岸にいるところを目撃されている（兵庫県，2008）。しかし，そうした場所は，今回の事例が示したように仮初（かりそめ）の「社会」であり，本質的には「自然」のただ中にあって，言ってみれば第1次の避難場所にしかならないケースもある。したがって，より「社会」性の強い場所（相対的に安全と考えられる第2次の避難場所）への連絡路，すなわち，階段やスロープは，こうした場所（橋や高架橋のたもと）にこそ必要である。この点については，デジタル放送研究会（2009）にも同種の指摘がある。

筆者らの現地調査によれば，都賀川にも，いくつかの階段やスロープが設置されている（図1を参照）。たとえば，甲橋右岸の階段（今回，学童保育の子どもらの多くが避難した）もその一つである。また，少なくとも5箇所に非常時には利用可能と思われるハシゴも設置されていた。しかし，大変不幸なことに，今回濁流に巻き込まれた学童保育の子どもたちが遊んでいた新都賀川橋と篠原橋の付近の右岸は，神ノ木橋より下流と比較して階段やスロープが少なかった。具体的には，図1の通り，上流側にも下流側にも約100メートルにわたって階段やスロープがない。そのため，最寄りの篠原橋の橋下に一時避難したと思われるのだが，篠原橋の近傍には右岸，左岸含めて，階段もスロープもなかった。このことが，大きな被害を招く一因となったと思われる。

（2） 河川に関する教育・啓発活動
①防災教育と訓練
都賀川災害を踏まえた教育・啓発活動も，積極的に推進されようとしている。

学校や地域で活用することを前提に作成された防災教育教材や，急な増水を想定した防災訓練の実施などである。前者の例としては，「都賀川増水事故を踏まえた防災教育緊急教材」（神戸市教育委員会，2008）がある。本教材は，小学校低学年用（1・2年生），小学校中学年用（3・4年生），小学校高学年用（5・6年生），中学校用

図7　都賀川増水事故を踏まえた防災教育緊急教材（小学校低学年用）に掲載された図
（出所）　神戸市教育委員会（2008）

と4種類に分けて作成されている。たとえば，小学校低学年用では，川遊びをしている様子と増水時の川の様子を描いたイラスト（図7を参照）を比較・対照させる作業を通して，増水の危険性を認識させ天気が悪くなってきたときには迷わず川から離れることができるよう指導するとされている。より高学年の教材では，都賀川災害時の写真を示したり，神戸地区の河川の特徴や近年の局地的な豪雨の特徴を写真や図を多用して説明したりして，急な増水の危険性に対する警戒意識を高めるよう工夫されている。

　また，訓練の例としては，「河川安全見守りパトロール」がある。これは，災害を受けて地元の自主防災組織が始めた大雨時のパトロールについて，訓練とその検証が行われたものである。訓練には，自主防災組織（灘区内の防災福祉コミュニティ）や消防などが参加した。大雨で都賀川が増水するおそれがあるという想定で，「ひょうご防災ネット」と呼ばれる情報ネットワークを活用して気象警報等を収集する訓練，パトロール経路の確認，川岸にいる人への避難の呼びかけ（肉声や拡声器を使った声）が実際に聞こえるかのチェックなどが行われた。

　これらの試みも，前項で述べた施設や情報システムの整備と同様，基本的にはもちろん積極的に評価すべきものである。しかし，「自然と社会」の本質的な交絡を重要視する本章の立場から，いくつかの点に注意する必要もある。た

とえば，子どもに「川（堤外地）は危険だ」と教えることは，その教育が，逆に「まち（堤内地）は（常に）安全だ」という意識を生んでいないかをチェックしながら展開する必要があろう（この点についても，第1章で触れたメタ・メッセージに関する議論を参照）。何度も強調してきたように，堤外地（川）も堤内地（まち）も共に，「自然と社会」の融合体であって，いつどこで潜在化していたもう一つの側面が顔をのぞかせるかもしれないからである。

　この意味で，川の危険性を啓発する冊子や授業，行政の担当部署や市民団体と，川と親しむことを促す冊子や授業，行政の担当部署や市民団体とが相互に連絡がないという状態は，けっして望ましいことではない。たとえば，ハザードマップには川やまちの危険性ばかりが書き込まれ，親水マップには川の有用性や美しい側面ばかりが描かれている状態は問題があろう。この点，先に紹介した神戸市の教材（特に，図7に示した小学校低学年用）や，3節で触れた「『こどもの水辺』再発見プロジェクト」の推進母体が発行した「水辺の安全ハンドブック――川を知る，川を楽しむ」（河川環境管理財団，2008）は，両側面をバランスよく融合させたものとして評価される。

　他方で，神戸市の教材のうち小学校高学年用と中学校用，および，3節で触れた「ストップ！　河川水難事故――急な増水に備えて」（国土交通省河川局，2007）は，川の危険性（防災の側面）に偏った内容となっている。逆に，特に子どもたちを中心に，都賀川への親しみを高めてもらうことを意図して作成されたと思われる「都賀川まるごとマップ」（神戸市教育委員会のウェブのコンテンツ「親子の遊び場ガイド」（神戸市教育委員会，2005）に含まれている）は，魚釣りや水遊びなどについての記載は豊富だが，水害や増水など災害についての記述はまったく含まれていない（ただし，現在は，「雨天時は増水が激しいため注意が必要です」との注記が付加された）。

　②ヒヤリ・ハット事例の活用

　同じ観点から，過去の類似事例を教育・啓発活動に活用することも大変重要である。類似事例とは，今回の災害と同様に，破堤や越水に伴う洪水による死亡事例ではなく，河川区域内における死亡事例である。こうした事例のうち近

第 5 章 「自然と社会」を分ける災害情報

年のものとしては，先に触れた酒匂川の事例（2006年）の他にも，川の中州でキャンプをしていた13人が，現場の5キロ上流にある玄倉ダムの放流による増水で流され亡くなった神奈川県玄倉川の事例（1999年），群馬県谷川岳付近の湯檜曽川のマチガ沢出合付近の急激な出水のため，児童・引率者一行のうち数人が流され1人が亡くなった事例（2000年），山形県最上川上流の富並川で，川遊びをしていた子ども2人が折からの豪雨で急に増水した川（現場付近の観測地点の水位は，この直前，10分間で72センチ急上昇した）で流されて死亡した事例（2006年）などがある。もちろん，増水の直接的原因や現場の状況には違いもあるが，河川区域内における急激な増水と避難の遅れが主因となって人命が奪われた点は共通している。すなわち，「自然と社会」の融合体としての河川空間に，突如「自然」の側面が突出し「社会」への脱出が遅れたことが災害を生んでいる点は共通している。

　さらに注目すべきは，今回災害が起こった都賀川でも，近年，類似事例が発生していることである。ここでの類似事例には2つの種類がある。第1は，通常の水害である。2節で指摘したように，都賀川は，直接の体験者が存命しているという意味での近年の間に，少なくとも2回大きな水害に見舞われている（先述の「阪神大水害」と「昭和42年水害」）。これらは，「社会（まち）」の中に「自然」（河川）が侵入した事例であるが，本質的には，今回の事例と同型であることはすでに3節で強調した。

　第2の類似事例は，今回の災害と酷似した事象ではあるが，辛うじて死者が出ていないケースである。これは，いわば「ヒヤリ・ハット事例」であり，都賀川災害直前の10年あまりに限っても少なくとも3回も生じていた。最初の事例は，今回の事例と発生日時，場所等まで酷似している。すなわち，1998年7月26日，短時間に強い雨が降り水位が一気に40センチ近く上昇して，今回の現場の約200メートル下流で水遊びなどをしていた家族らが身動きがとれなくなり消防に救助されたケースである（毎日新聞, 2008b）。さらに，「都賀川を守ろう会」の木村事務局長は，筆者とのインタヴューで，過去に2回（毎日新聞（2008b）によれば，2000年と2005年），魚のつかみ取り大会のときに，急な

増水によって参加者を慌てて避難させたことがあったと語ってくれた。同種のイベントを開催するときに置いていた監視役の人が「(堤防上に)上がれ！　早く上がれ！」と呼びかけても，のんびりしている子どもやイベントに用いる道具の後片付けを済まそうとする人がいて，あわやという一幕があったという。

　これらのヒヤリ・ハット事例が，今回不幸にして死者が発生した事例とよく似た状況で起きていることは明らかである。すなわち，いずれも「自然」と「社会」の交絡がはからずも河川区域で露呈した事例である。交絡が河川区域外で生じたケースにあたる通常の水害と同様，いずれも「災害」として同一平面上でその経験を地域で共有し継承する必要がある。つまり，ヒヤリ・ハット事例が，今回のように，人的な被害が生じてはじめて表面化するのではなく，先に述べた2つの水害の記憶や教訓が不十分ながらも地域で語り継がれているのと同様，地域における教育・啓発にそれらの事例を効果的に活かすための仕組みを整備する必要がある（この点については，6節で最新の状況について触れる）。

5　今後の方向性——「地域での体験継承」と「葛藤を伴ったリスク・コミュニケーション」

「自然」と「社会」の本質的な交絡を重視しつつ，かつ，上で述べたヒヤリ・ハット事例を効果的に活用していくためには，どのような方向性が考えられるだろうか。筆者は，2つの点が重視されねばならないと考える。

（1）　地域での体験継承の必要性
①昔を知らない新住民

　第1は，地域社会における体験・教訓の共有と世代を越えた伝達である。2節で論じたように，阪神・淡路大震災（1995年）は，都賀川流域の住民が河川と共に生きることの重要性を再認識させた。しかし同時に，大震災による住宅とまちの再建過程で多くの住民が入れ替わった。この結果，大震災以前に起き

た都賀川の水害，あるいは，「都賀川を守ろう会」の活動経緯など，地域社会の特性についてよく知らない住民が増加し，古くからの住民との間に意識差が存在していたことも事実である（木村事務局長談）。

たとえば，1節で述べた「都賀川親水施設利用者調査」（回答総数122名）によれば，「都賀川が，人が亡くなるような危険な川だというような意識はありましたか」という問いに対して，「はい」と回答した人は24.6％にとどまっている。さらに，読売新聞大阪本社が，2008年11月に行った同種の調査（「気象災害に対する市民の意識に関する調査」）でも，同様の傾向が見いだされている。すなわち，「7月に事故が起きる前に，都賀川で，増水による事故や危ないと感じる体験などをしたり，目撃したり，人から話を聞いたりしたことがあるか」という問いに対して，「雨が降ると増水することは，自ら目撃したり，人から聞いたりしたことがある」や「事故や災害，ヒヤリとする体験を，自らしたり人から聞いたりしたことがある」は合計で41％にとどまり，「特になし」が59％と過半数を占めた（読売新聞大阪本社，2009；未発表）。

より具体的には，たとえば，神戸新聞（2008a）は，住民からは，災害後，「ふだんは穏やかな川なのに」と驚きと落胆の声が上がり，5年前に近くに転居してきた36歳の女性は「水辺を歩けるところが気に入っていた。うちも小さな子どもがいるのでショック」と驚きを隠せない様子，との声を報告している。ところが他方で，神戸新聞（2008a）によれば，川の近くに約40年暮らす74歳の男性は，災害当日，雲行きが怪しくなったのを見て川をのぞき込み，「案の定や」と語っていた。また，過去2回の大きな水害やヒヤリ・ハット事例（上述）の一部については，先に触れた「都賀川を守ろう会」の記録誌や，「都賀川総合学習資料」，および，同会もその一員として加盟している「神戸市市民の水辺連絡会」の会誌『みずべ』（神戸市市民の水辺連絡会，1999）の紹介欄にも掲載されている。過去の水害，ヒヤリ・ハット事例について情報がまったくなかった，あるいは，開示されていなかったわけではないのである。

②体験継承に向けた新しい試み

こうした実態を打開しようとする試み，つまり，地域社会における体験や教

訓を共有し，それを世代を越えて伝えようとする試みが生まれはじめている。たとえば，「都賀川を守ろう会」の木村事務局長は，「警報装置をつけても間に合わないときもある。川と親しみながら，その危険性も学んでほしい」と語り，災害から約1ヶ月半を経過した9月中旬，近くの小学校における総合学習で都賀川についての授業の講師をつとめた。あるいは，これより先，8月9日，都賀川から3キロほど東を並行して流れる住吉川では，「住吉川清流の会」による「親子水辺フェア」が予定通り開かれた。同会の渡辺利信副会長は，「この機会にこそ，急激な増水時に気をつけようと教えることにした。小学生のときに（阪神大水害を）経験した者として，自然の恐ろしさを伝えていきたい」と語っていた（神戸新聞，2008b）。さらに，「都賀川子どもフォーラム」（1節参照）でも，小学生が都賀川災害やその対策に関する調べ学習の成果を発表した。

　本章の観点から，こうした試みにおいて重要と思われることは，「都賀川を守ろう会」が主催する親水行事のさなかに起きたヒヤリ・ハット事例（4節（2）項参照）に典型的に見られるように，急な増水の危険性は，親水施設において，また親水行事のときにこそ伝えられ共有される必要があるということである。災害は，「自然」と「社会」とが突如交絡する地点で，また交絡する時点で生じるからである。楽しい親水施設や親水イベントは，災害からもっとも遠くにあるのではない。むしろ，反対である。玄倉川の事例でも，都賀川における「魚のつかみ取り大会」の事例でも，関係者の避難呼びかけに対する反応が必ずしも機敏でなかったように，河川区域内で「社会」性が高まっているときこそ，「自然」の回帰に対する脆弱性が高まっているとき，すなわち，災害にもっとも近接しているときだと考えねばならない。親水施設でこそ，また親水行事のときこそ，川がもつ「自然」の側面に目を向けることを促す情報提供や教育がなされるべきであろう。

（2）　葛藤を伴ったリスク・コミュニケーション

　今後模索されるべき第2の方向性は，葛藤（コンフリクト）を伴ったリスク・コミュニケーションである。これまでの議論を踏まえれば，「自然」（河

第 5 章 「自然と社会」を分ける災害情報

川）と「社会」（まち）について，「自然」の危険性とその背面としての「社会」の安全性（たとえば，川は危険だが堤防で守られたまちは安全だ）が鮮明に分割できるかのような認識を人びとに与えるリスク・コミュニケーションが望ましくないことは明らかだろう。「自然」の中にも「社会」は存在するが（たとえば，親水施設は河川区域内にあり大いに利用価値はある），そこに本来の「自然」が再来する可能性もある（今回の増水のように）。逆に，安定した「社会」と思われている場所（堤内地）に，「自然」が乱入することもある（通常の水害のように）。

したがって，あれかこれか——すなわち，「自然」か「社会」か，「安全」か「環境」か，「防災」か「親水」か，子どもを川に近づけるか遠ざけるかなど——という 2 項選択の議論は望ましくない。これら 2 項はいずれも，どちらかを排他的に優先させることができるほど単純な関係にはない。ある人びと（団体・組織）が一方を優先・支持し，別の人びと（団体・組織）が他方を優先・支持する，といった構図となることは生産的ではない。むしろ，両者が否応なく交絡し融合していることは，2 つの項が葛藤（コンフリクト）をはらみながらも，両者を共によりよく満足させる第 3 の解が存在しうることを示唆していると考えるべきである。よって，この第 3 の解を求めて多様な関係者がそのための協働作業を継続することこそが重要である。

実際，近年進められているいくつかの防災教育の試みは，この立場に立っている。たとえば，災害リスクそのものの教示・伝達ではなく，災害リスクをめぐる葛藤・対立・摩擦（コンフリクト）のマネジメントが重要だとの立場に立って作成された，正解が存在しない防災ゲーム「クロスロード」（第 1 章 6 節（2）項，第 8 章 5 節（1）項などを参照）は，その典型である（矢守・吉川・網代，2005；矢守，2007；Yamori, 2007 など）。この点は，災害情報に関わるダブル・バインドの一つを克服するためには，多義的で葛藤を伴った災害情報にも一定の役割がありうることを主張した第 1 章 6 節でも，また，津波避難に伴う葛藤・対立・摩擦という角度から，「津波てんでんこ」の意味の重層性を論じた第 4 章 7 節でも，同じことを指摘した。他にも，「地震・火山子どもサマー

スクール」(日本地震学会・日本火山学会, 1999),「イザ！ カエルキャラバン！」(プラスアーツ, 2005),「わがまち再発見ワークショップ」(日本災害救援ボランティアネットワーク, 1999) など，一般に,「楽しみながら学ぶ防災」と形容される試みにも同じ考え方に基づくものが多い。

　ここで留意すべきことは，危険やリスクという本来理解が困難で，子どもをはじめ一般の人には親近性のないテーマを楽しく気軽に学べるという意味でのみ，これらのツールが「楽しみながら…」と形容されているのではない，ということである。これらのツールにおいても，危険やリスクはあくまでも真剣に学びとられるべき対象である。これらが「楽しみながら…」と形容されるのは，学びのプロセスそのものが楽しいという側面もさることながら，むしろ，これらのアプローチが,「自然」がもたらす被害と「自然」がもたらす恩恵とが隣り合わせであること，そして，山も川もふだん生活するまちも危険と楽しさが隣り合わせであることを重視しているからである。言いかえれば,「自然」と「社会」が紙一重で交絡していることを，これらの試みは伝えようとしているのである。都賀川を含め，河川における急な増水に伴う災害を防止するための対策や教育においても，今後，こうした考え方がベースに据えられることを期待したい。

6　最近の動向

　現時点 (2013年6月) で，都賀川災害から5年近くが経過した。また，本章の記述のベースとなるレポートを公表してからも，すでに3年以上が過ぎた。そこで，本章の結びとして，その間の経過から主だった事項を紹介しておきたい。併せて，災害直後にとられたいくつかの対応が，その後どのような経過をたどっているかについて，簡単に検証しておきたい。

　本災害については，災害以後，毎年，犠牲者を追悼する行事が行われている。たとえば，災害から4年目にあたる2012年には,「都賀川水難事故犠牲者を偲ぶ会」が開かれ，当時，犠牲になった子どもと同じ学童保育所に通っていて，

第 5 章 「自然と社会」を分ける災害情報

現在，兵庫県立舞子高等学校（第2章4節（1）項参照）で防災について学んでいる高校生が，追悼の言葉を述べた。さらに，偲ぶ会の主催団体が，記録冊子を作成するなど，出来事を伝えていこうとする動きが地域社会にあることは，心強い限りである（神戸新聞，2012）。また，4節（1）項で述べた通り，河川管理者も，回転灯に加えて新たに電光掲示板を設置したが，これは，従来から課題になっていた警報音等の発信ではなく，地元住民による「声かけ運動」による避難促進をサポートする意図をもつもので，災害再発防止へ向けた行政と住民との連携も，他地域と比較して相対的に密接だと言える。

しかし他方で，大きな課題もある。たとえば，災害から2年後の2010年に，藤田一郎氏（神戸大学教授）らが，都賀川河川敷を利用していた人約200人を対象に行った調査によれば，回転灯が点灯する基準（神戸市に大雨または洪水に関する警報または注意報が発令されたとき）を「知らない」人が全体の28％，「水位が上がったら点灯する」などと誤解している人が41％を占めた。さらに，回転灯が光ったのを見た人のうち避難しなかった人が53％にものぼった。また同様に，回転灯の意味が理解されていないことを示すデータが，都賀川の近傍の住吉川でも得られた（神戸新聞，2010）。鳴り物入りの対策が，必ずしも十分に活かされていない一面もある。

折しも，2012年7月，都賀川で4年前の災害を思わせる事案が発生した。同月21日，大雨により，約10分間で水位が約65センチ上昇した。4年前を教訓に，警察や消防は注意報発令と同時にパトロールに出動しており，川岸でバーベキューをしていた人など約50人は避難して結果的には無事だった。しかし，回転灯や電光掲示板が作動していたにもかかわらず逃げていない人が多く，今回も濁流で川岸に置いてあった自転車約10台が流されたという（毎日新聞，2012）。

もっとも，間一髪とは言え，犠牲者を出さずに全員が避難できたこと，その背景に，警報装置や災害情報の存在，それらを活用した避難呼びかけのトレーニングなどがあったことは，救いであった。都賀川は，今も，「自然と社会」が完全に分離できないことを前提に，川に親しみながら（社会としての川），

第Ⅱ部　事例に見る災害情報

危険を回避する（自然としての川）ことによる「自然」と「社会」の融合と両立を目指す先端的な場となっている。「自然」の側面については，ゲリラ豪雨に関する研究の進捗と信頼性の高い予測情報が実用化される可能性（中北，2010など），「社会」の側面については急速に普及する携帯型端末等の有効活用が追い風になっている。さらに，「都賀川を守ろう会」，「7月28日を『子どもの命を守る日』に実行委員会」など，地域コミュニティの活動など，心強い要素もある。今後の行方に注目したい。

謝辞

　本災害および都賀川周辺地域について，筆者のインタビューに快く応じていただき，かつ貴重な資料を提供くださった木村典正氏（「都賀川を守ろう会」事務局長）に心よりお礼を申し上げる。また，本章執筆のベースとなった調査研究は，牛山素行氏（静岡大学准教授）と共同で実施したものである。本調査では，経験豊かな牛山氏から多くの貴重な助言，示唆を得た。特に記して感謝の意を表したい。

〈文　献〉

デジタル放送研究会（2009）都賀川「河川利用者のための増水警報システム」報告
　　[http://www.jasdis.gr.jp/06chousa/3rd/togagawa.pdf]
土木学会都賀川水難事故調査団（2009）都賀川水難事故調査について，河川災害に関するシンポジウム報告資料（土木学会水工学委員会）
兵庫県（2008）第1回中小河川における水難事故防止検討WG都賀川説明資料
　　[http://210.230.64.118/riverhp_writer/entry/y2008e940fc75086582646795d7a472de4ea6f3ea60554.html]
兵庫県神戸県民局（2005）ふしぎ!!　都賀川——都賀川総合学習資料 [http://web.pref.hyogo.jp/ko05/ko05_1_000000002.html#h01]
河川環境管理財団（2008）水辺の安全ハンドブック——川を知る，川を楽しむ（参照年月日：2008.9.30）[http://www.mizube-support-center.org/contents/handbook.html]
建設省河川局（2000）「危険が内在する河川の自然性を踏まえた河川利用及び安全確保のあり方に関する研究会」による提言について（参照年月日：2008.9.30）

[http://www.mlit.go.jp/river/press_blog/past_press/press/200007_12/001030_2.html]
国土交通省河川局（2007）ストップ！　河川水難事故——急な増水に備えて　（財）河川環境管理財団　[http://www.mizube-support-center.org/contents/stop-leaf.html]
国土交通省河川審議会「川に学ぶ」小委員会（1998）「川に学ぶ」社会をめざして——報告　[http://www.mlit.go.jp/river/shinngikai_blog/past_shinngikai/shinngikai/shingi/9807report.html]
神戸市教育委員会（2005）都賀川まるごとマップ　神戸市教育委員会 WEB「親子の遊び場ガイド」（参照年月日：2009.2.28）[http://www.city.kobe.jp/cityoffice/57/kinder/playguide/nada/togagawa/togagawa.html]
神戸市教育委員会（2008）都賀川増水事故を踏まえた防災教育緊急教材
神戸新聞社（2008a）"憩いの場"危険が襲う——灘・都賀川4人死亡　神戸新聞（2008年7月29日付）
神戸新聞社（2008b）行事続行，安全確保に知恵絞る——都賀川事故1週間　神戸新聞（2008年8月4日付）
神戸新聞社（2010）大雨，洪水告げる回転灯——利用者の7割意味知らず　神戸新聞（2010年7月26日付）
神戸新聞社（2012）安心のまちに——都賀川事故4年で追悼式　神戸新聞（2012年7月29日付）
神戸市市民の水辺連絡会（1999）都賀川を守ろう会　みずべ，**18**．[http://www.city.kobe.jp/cityoffice/24/kyouiku/job5/mizube.html#toga]
毎日新聞社（2008a）記者の目：排水路と憩いの場で発生——神戸の惨事　毎日新聞（2008年8月28日付）
毎日新聞社（2008b）大雨：神戸・都賀川，98年にも8人孤立，過去の増水生かせず——警報装置は未整備　毎日新聞（2008年7月29日付）
毎日新聞社（2012）神戸・都賀川：10分で64センチ増水，50人避難——08年事故の教訓生きる　毎日新聞（2012年7月28日付）
中北英一（2010）集中豪雨のモニタリングと予測　ながれ，**29**，203-210．
中村功（2008）避難と住民の心理　吉井博明・田中淳（編）　災害危機管理論入門　弘文堂　pp. 170-176．
日本地震学会・日本火山学会（1999）「地震・火山子どもサマースクール」ウェブ

サイト [http://sakuya.ed.shizuoka.ac.jp/kodomoss/]

日本災害救援ボランティアネットワーク（1999）「わがまち再発見ワークショップ」ウェブサイト [http://www.nvnad.or.jp/activity/act03.html]

プラスアーツ（2005）「イザ！　カエルキャラバン！」ウェブサイト [http://kaerulab.exblog.jp/]

多々納裕一・矢守克也（2009）都賀川利用者アンケート調査（1次集計結果）未発表資料

都賀川を守ろう会（1986）都賀川を守ろう会10周年記念誌

都賀川を守ろう会（1996）都賀川を守ろう会20周年記念誌

都賀川を守ろう会（2006）都賀川を守ろう会30周年記念誌

Yamori, K. (2007) Disaster risk sense in Japan and gaming approach to risk communication. *International Journal of Mass Emergencies and Disasters*, **25**, 101-131.

矢守克也（2007）「終わらない対話」に関する考察　実験社会心理学研究, **46**, 198-210.

矢守克也・吉川肇子・網代剛（2005）ゲームで学ぶリスク・コミュニケーション――「クロスロード」への招待　ナカニシヤ出版

読売新聞大阪本社（2009）減災――都賀川水害市民調査　読売新聞（2009年1月15日付）

読売新聞大阪本社（未発表）気象災害に対する市民の意識に関する調査

第6章
みんなで作る災害情報
—「満点計画学習プログラム」—

　先行する2つの章（第4章と第5章）では，実際に発生した災害事例を取り上げ，そこに介在した災害情報について，筆者が調査・分析した結果について述べた。それに対して，本章では，方向性を変えて，将来起きるかも知れない災害に関する情報（具体的には，内陸地震の発生に関する観測情報）について取り扱う。

　この際，特に，本書の第Ⅰ部で強調した方向性—すなわち，「ダブル・バインド」を抑止する災害情報（第1章），「参加」を促す災害情報（第2章），そして，災害情報に関わる多様な関係者の間に〈新しい関係性〉を生み出す災害情報（第3章）—を実現すべく，筆者が現在進めている取り組み—「満点計画学習プログラム」—について述べる。この取り組みは，内陸地震の発生メカニズムについて研究している研究者（飯尾能久氏（京都大学防災研究所教授））らのグループと，いわゆる文理融合の学際的な共同作業として進めているものである。

　本研究のベースには，飯尾教授らが進めてきた内陸地震観測に関する新たな研究フレームワークである「満点計画」（正式名称は，「次世代型稠密地震観測研究」）が存在する。そこで，まず1節で，「満点計画」について必要最小限のことを整理しておく。次に，2節では，もともと地震観測研究のプログラムである「満点計画」に，人間・社会科学系の防災研究・実践（具体的には，学校における防災教育やサイエンス・ミュージアムに関する研究・実践）を組み合わせることによって，上述のキーワード群が共通して志向している新しいタイプの災害情報（みんなで作る災害情報）を実現しようとしている筆者らの意図につ

いて述べる。3節では，その結果として誕生した「満点計画学習プログラム」の具体的な内容を紹介し，4節ではその意義についてまとめる。最後に5節では，本プログラムと連携して推進しているサイエンス・ミュージアムの取り組み事例についてごく簡単に紹介する。

なお，「満点計画」，および，それと連動した教育・学習プログラム，すなわち，「満点計画学習プログラム」については，いくつかの既刊の論文やレポートがある。岩堀・城下・矢守（2011），城下（2012），飯尾・矢守・岩堀・城下（2012）などを本章と併読いただければ幸いである。

1 「満点計画」（次世代型稠密地震観測研究）

飯尾によれば（飯尾，2009，2011；飯尾ら，2012），阪神・淡路大震災を引き起こした兵庫県南部地震の発生後，内陸地震の発生過程の研究が進み，断層直下の「やわらかい」領域の変形により断層に応力集中するという有力な仮説が提案された。地震発生前に，この「やわらかい」領域や断層周辺の応力集中をとらえることができれば，地震の発生予測に役立つと期待される。しかし，地質学者が知っている深部の断層帯の厚さはせいぜい1キロメートル程度であり，その変形による応力集中も局所的なものなので，これらをとらえるためには，構造や応力場の分解能を，少なくとも1キロメートル程度まで向上させる必要がある。そして，そのためには，地震観測点の密度と数を飛躍的に増大させる必要がある。

この飛躍的に増大した密度と数を伴った観測点ネットワークを通して，あたかも，医学分野における CT（Computerized Tomography）による「断層」写真のような精度と分解能をもった地震観測を実現するためのシステム，すなわち，多点で高精度かつ容易に地震を観測できる安価な次世代型の地震観測システムこそが，「満点システム」である。万点規模の数の観測点を一定の地域に集中的に設置することで，理想的な，つまり百点満点の地震観測を行おうという趣旨から「満点システム」と命名された。この「満点システム」を活用して，

自然地震の観測点数を飛躍的に増やし内陸地震の発生メカニズムの解明を目指す計画，それが「満点計画」である。

この計画を推進するためには，地震観測に適した人間活動の少ない地域に集中的に多数の地震計を配置する必要がある。そのためには，必要な観測精度を確保した上で，オフライン方式で操作可能で（オンライン方式が可能な地域は一般に人間活動が盛んで地震観測に適さない），かつ，長期にわたってバッテリーで稼働可能なロガー（データ記録装置）が必要となる（日本では，日本海側を中心として冬季に積雪が多いため，太陽電池を使うことは難しく，バッテリー駆動で半年以上連続して記録を取ることが必要となるため）。

飯尾ら（2012）によれば，このような条件を満足するシステムの開発は，当初，技術的に困難に見えた。しかし，飯尾教授を中心とする京都大学防災研究所のスタッフの努力によって，「満点システム」のための小型軽量地震計と省電力型記録装置（「満点地震計」）が完成した。非常に小型軽量で，これまでの装置よりもはるかに安価である。しかも，多点での同時稼働を想定しているので，バッテリー（市販の乾電池）や記録メディア（市販のCFカード）の交換・メンテナンス作業も非常に簡素化されている。この点は，後の展開にとって非常に重要なポイントとなる。なお，地震計，記録装置ともそれぞれ先端的な技術を駆使しており，特許を取得している。

2 「満点計画学習プログラム」
――満点計画を防災教育と結びつける

筆者は，ちょっとした偶然から，「満点計画」のことを耳にした。2009年の初頭のことであった。当時，すでに，「満点計画」は一定の進捗を見せており，いくつかの重点観測地域に集中的に満点地震計を配置して観測を開始していた。たとえば，阪神・淡路大震災を引き起こしたとされる野島断層から有馬・高槻構造線を経て，その延長線上にある京都府南部から琵琶湖西岸に至る地域や，鳥取県西部地震（2000年）の震源地を中心とする地域などが重点観測地域と

なっていた。これらの地域には，当時すでに，それぞれ50を超える地震計が置かれていた（万のオーダーにはまだ及んでいなかったが）。

この頃，筆者は，飯尾教授から，計画をさらに進めるためには，さらにいくつかのハードルをクリアする必要があるという話を聞いた。一つのハードルは，地震計の設置場所の確保であり，もう一つはメンテナンス作業のさらなる簡素化・省力化である。設置場所に関しては，先述の通り，基本的に人間活動の少ない静穏な場所が望ましいが，他方でアクセス道路がまったくないような場所ではメンテナンス作業に支障を来す。そのような条件を満たし，必要な用地はせいぜい１平方メートルに満たない面積とはいえ，土地の所有者が観測機器の設置やメンテナンス作業に伴う人員の出入りに同意してくれなければならない。設置場所の確保は，それほど容易ではなかった。また，上記の通り，非常に簡素化されてはいるが，設置件数が増えるにつれて，多くの地震計すべてについて順次メンテナンスしてまわるスタッフにかかる負担も，次第に大きくなっていた。

この話を聞いて，筆者が考えたのが，「それならば，地震計を学校（あるいは，地域コミュニティ）に置いて管理してもらってはどうか」というアイデアだった。学校は人間が大勢集まる場所であるから，静穏性には難ありとは思ったが，たとえば，山間の小規模な学校であれば，その点もクリアできそうだと考えた。このとき，頭に浮かんでいたイメージは，小学校の校庭の片隅に設置されていた百葉箱である（山口，2006）。百葉箱に収められた気象観測機器を使って気象の勉強をするように，子どもたちが地震観測に関わることができないか。そうすれば，「満点計画」を推進している研究者は設置場所を確保できるし，地震計の保守やデータ回収作業を子どもたちに委ねることによって，メンテナンスも省力化できる。「満点システム」のメンテナンス作業は，小学生にも十分理解・実行可能な程度にまで簡素化が進んでいたからである。

他方で，学校側にとっても，「満点計画」は，たとえば，マンネリ化した避難訓練に代表される，さして魅力的とも思われない防災教育に新風を吹き込むメリットがある。自分たちでとったデータを使って地震の勉強をすることがで

きれば，昨今大きな社会問題にもなっている「理科離れ」対策にもなりそうである（内田，1995；岩田，1999；村松，2004など）。「満点計画」と学校での防災教育を組み合わせた「満点計画学習プログラム」は，研究者が行う最先端の地震観測活動と，子どもたちを対象とした初歩的な防災教育という両極（水と油）をあえて連携させる試みであり，いくつかの困難も予想された。しかし，だからこそ，一挙両得の計，いや，それ以上の計にもなりうると踏んだわけである。

3　満点地震計を小学校に設置

（1）地震計設置までの経緯

「満点計画学習プログラム」について，これまでの経緯と成果についてごく簡単に紹介しておこう。

現時点（2013年6月）までに，2つの小学校で，満点地震計が子どもたちの手によって設置され，その後一貫して，学校（小学生と指導にあたられている先生方）の手で，観測データの回収，電池の交換などのメンテナンス作業が継続されている（図1）。観測データは，「満点システム」を構成する他の多くの観測点のデータと合わせて実際に研究に活用されている。同時に，地震観測とそれに連動した防災教育（小学校での授業：筆者ら防災研究所のスタッフが担当し，年4回程度実施）が継続されている（図2）。

最初の設置は，2009年，京都府京丹波町の下山小学校で，次いで2010年，鳥取県日野町の根雨小学校にも満点地震計が設置された。下山小学校は，「満点計画」における琵琶湖西岸の重点観測域の中に，根雨小学校は，鳥取県の重点観測域の中に位置して，稠密観測網の一端をしっかりと担っている。「満点計画学習プログラム」は，あくまでも，満点計画という地震観測研究本体（「ホンモノ」の実践，第2章4節を参照）の推進に資する形で進める点がポイントである。「たかだか子どもの教育なのだから，子ども向けの教育内容（率直に言ってしまえば，「まがいもの」）で十分だ」という考えは，本プログラムの精

第Ⅱ部　事例に見る災害情報

図1　子どもたちによって小学校に設置される満点地震計（京都府京丹波町下山小学校）

図2　満点地震計によって観測されたデータを使った授業風景（鳥取県日野町根雨小学校）

神に反する。そのため，両校への地震計設置の後，「わが校にも設置を…」というありがたいお申し出も時折受けたが，既存の観測網と無関係な場合，また，観測に適した条件を確保できない場合には，設置は見合わせている。言いかえれば，子どもの学習だけを目的として満点地震計を設置することは避けることにしている。

(2)　主な学習プログラム

以下，具体的な学習プログラムを簡単に紹介しておく。基本となる学習プログラムは，①「満点計画」の基礎について学び「満点地震計」を学校に設置する導入のパート，②その後の継続的なメンテナンス（CFカードや乾電池の交換・更新など）と地震観測のパート，③地震や防災をテーマとする授業のパート，以上3つのパートから成る。先述の通り，①と②が可能となったのは，満点システムが小学生にでも取り扱い可能なほどに，小型化，簡素化されていたためでもある。

また，両校とも，6年生の児童がこのプログラムに参加しており，②のパートは，年度の終わりに下の学年（次年度の6年生）に引き続く形がとられている。言いかえれば，両校とも「地震計のある小学校」として継続的にこの活動に参加しているということである。この意味で，本学習プログラムは，一過性

の防災教育ではなく，息長く，自然災害や防災に関心を持ち続けてもらうための工夫でもある。

③の防災授業は，筆者自身を含め大学側のスタッフが小学校に出かけて，原則として，子どもたち自身が観測した地震データを活用しながら行う授業である。地震計のメンテナンスに合わせて，年4回程度実施している。主なカリキュラムは以下の通りである。

(a)「満点計画」と満点地震計の紹介

満点地震計の働きと「満点計画」の基本について学習する。満点地震計が実際に微小な震動をキャッチする様子を，オシロスコープを通した地震計の波形デモンストレーションで実際に体験しながら授業を進める。地震計に触るなど小さな震動を与えた場合はもちろん，地震計を設置した教室の後方など，遠く離れた場所で子どもが軽く足を踏みならすなどしても震動が記録される様子を実際に体験してもらう。この授業は，通例，上記①と②に関する説明に引き続いて実施する。

(b) P波とS波：緊急地震速報の学習

過去の地震災害事例から，地震動に見舞われた人の様子を映し出した映像と，満点地震計が実際にとらえた波形を見せながら，P波とS波について紹介する。あわせて，両波の伝播速度の違いを利用した仕組みが「緊急地震速報」であることや，その利用法や注意点も解説する。

(c) 地震波形の抽出実習：「地震学者になってみよう」

満点地震計のデータを使ったグループワーク実習。数日分の観測データから，地震による揺れを見つけ出す体験を行う。さらに，列車や自動車の震動による揺れ，強風や降雨による揺れなど，学校周辺で観測できる微小な震動データ（地震観測にとってはノイズとなるデータ）を利用して，一風変わった地域学習も進める。先に示した図2の授業風景は，子どもたちが，記録された震動から地震によると思われものを選びだし，発表している場面である。

(d) 長周期の揺れと短周期の揺れ

長周期の揺れと短周期の揺れのちがいを，遠方で発生した巨大地震のデータ

第Ⅱ部　事例に見る災害情報

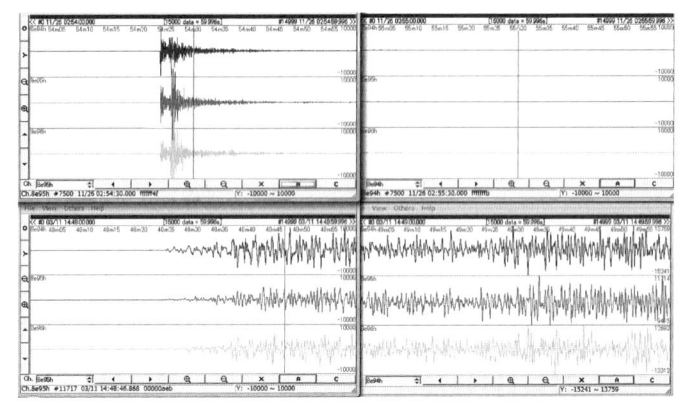

図3　学校近くで起きた短周期の地震波形（上）と東日本大震災による長周期の地震波形（下）（根雨小学校の満点地震計で観測したデータ；なお，上図と下図とでは揺れの大きさを表す縦軸のスケールを変えている）

と近地の小規模地震のデータとを比較して学習する（図3）。前者に該当する事例としては，両校の地震計とも，チリ遠地津波を引き起こしたチリ沖の巨大地震の波形（2010年2月），および，東日本大震災を引き起こした東北沖の巨大地震（2011年3月）の波形をとらえていた。この授業でも，(a)の授業と同様，満点地震計とオシロスコープを教室に持ち込み，2つのタイプの揺れの違いを体感しながら，それぞれの地震への対策についても学ぶ。

4　「満点計画学習プログラム」の意義

（1）　ホンモノの地震研究への「正統的周辺参加」

　防災のための知識や技術の高度化に伴って，近年，防災といえば専門家や行政の実務者が担うもので，非専門家（一般の人びと）は，それに従っていればよいとの考えが拡大してきた。こうした考え方のもとでは，防災教育の中心テーマは，専門家が獲得ないし開発した正しい知識・技術，あるいは，適切な災害情報を，非専門家に指導・伝達すること，および，そのためのメディア（教材，通信手段など）の開発が中心となりがちである。

第6章　みんなで作る災害情報

　しかし，このようなタイプの防災教育や災害情報が，第2章で指摘した「格差対策が格差を生む」のメカニズムを発動させて，かえって，防災専門家と非専門家の間の障壁を高めてしまい，「情報待ち」，「行政・専門家依存」といった問題（第1章）を引き起こす温床ともなっている。すなわち，防災教育の多くが，「本物」の災害研究や防災実践に従事する人たち（専門家）と，一般の人びと（子どもたち）とをかえって分断させている可能性である。つまり，素人には素人用にわかりやすく編集した災害情報だけを知らせておけばよい，子どもなんだから水消火器を使った訓練で十分だろう。この種の態度である。このような防災教育では，「本物」と「まがい物」の溝はいっこうに埋まらないばかりか，かえって広がるばかりである。

　満点計画学習プログラムが，この点に対する反省から提起されていることは，すでに明らかであろう。本プログラムは，非専門家（子どもたち）が，防災を自分たちも専門家と共に担うことができる，あるいは共に担うべき活動だと実感する形式の防災教育を志向しているからである。たしかに，上記の通り，試みはまだ始まったばかりである。しかし，たとえば，両校に設置した地震計が，実際に，あの3月11日の地震波形をとらえていたことは，子どもたちはもちろん両校の教職員にも相当の衝撃をもって受けとられたし，両校の観測点の近くで起きる内陸地震と海溝型の地震の性質の違いが，地震波形の違いにもよく表れていること（図3）は，両校でしっかりと解説を行った。しかも，このような観測データはすべて，小学生たちが実際に設置し，年数回とはいえ，実際に乾電池を交換しそこからCFカードを取り出す作業を通して得られてくるものである。これまでの標準的な防災教育の内容（たとえば，水消火器による消火訓練）と比較すれば，本プログラムが，最先端の防災研究（ホンモノの実践）を担う実践共同体への正統的周辺参加（第2章4節）をより強く志向するものであることがわかるであろう。

　実際，「満点計画」を推進している飯尾教授によれば，両校の観測点から得られたデータをその一部に含むデータ群から，地震観測研究における最先端の成果も現実に出はじめている（詳細は，京都大学防災研究所（2011）を参照され

たい)。すなわち，内陸地震の発生の仕組みとして，現在，以下の仮説が有力と考えられている。それは地震を起こす断層の直下の下部地殻内に局所的に弱いところがあり，そこがゆっくり変形して上部の断層への歪みの集中を引き起こすことにより，大地震が発生するという仮説である。また，下部地殻が局所的に弱くなる理由として，沈み込むプレートから脱水する水が重要な役割を果たすとも考えられている。もしこの仮説が正しいなら，下部地殻の変形により，地殻の底であるモホ面（モホロビチッチ不連続面：地殻とマントルとの境界）が平らでなくなる可能性がある。

　ここで，沈み込むプレートの位置は，下部地殻の弱い部分の場所を推定するのに重要であるが，今回，「満点計画」で整備された稠密地震観測網から得られたデータによって，遠地地震を用いたレシーバファンクション解析を通したモホ面深度の詳細なマッピングが可能となった。その結果，琵琶湖西岸地域（下山小学校の観測点を含む重点観測地域）において主要な断層の近くでモホ面の深さが乱れていること，また，丹波山地の下へフィリピン海プレートが東方から急角度で沈み込んでいることなどが初めて判明した。これらはいずれも，従来は定常観測点の密度が稀薄なためはっきりしたイメージを得られなかった地殻構造について，「満点計画」の高密度観測によって，初めて鮮明な「像」を結ばせることに成功したと言えるものである。特に，丹波山地の下へフィリピン海プレートが沈み込んでいることや，モホ面の深さが乱れていることは，上記の仮説が正しいことを示唆するものであり，内陸地震の発生過程を明らかにし，その発生予測を進める上で重要な発見である。子どもたちの観測データが，先端的な研究成果に直接的に結びつき始めているわけである。

　もちろん，専門家の世界と一般の人びとの世界との間にちがいはある。しかし，両者は断絶しているのではなく，その間にアクセス路があることを皆が実感するような形で，言いかえれば，正統的周辺参加が拡充していく形で，防災教育は実施されねばならない。そのように考えると，たとえば，以下のようなことも重要だと思われてくる。つまり，「満点計画」という地震研究の最先端も，その最前線はデータや数式ではなく，むしろ，道なき野山を駆けまわって

地震計の設置場所を探索したり，種々のアクシデントに悪戦苦闘してデータを回収したりといった，具体的で身体的な試行錯誤の連続である。その試行錯誤の作業が「ホンモノ」の地震研究とつながっているという実感を子どもがもつことが大切である。また，このアクセス路を反対側から眺めれば，専門家（研究者）にとって，この作業は，そこを出発点として歩んできたという意味で，自分のルーツの場を指し示しているとも言える。一見遠く隔てられているかに見える両者は，共に同じ実践共同体に参加しているのである。「満点計画学習プログラム」は，そのことを浮き上がらせて見せるスポットライトのようなものである。

(2) 5つの意義

「満点計画学習プログラム」の意義として強調できると思われる点を，上述のことがらも含めて5点にまとめておこう。

①ホンモノの地震学研究への「正統的周辺参加」

最先端の地震研究，すなわち，ホンモノの地震研究に子どもたち自身が参加することを通して，専門家のみが担ってきた防災実践を，専門家と非専門家の両方が担う防災実践へと変える。もちろん，本実践では，子どもたちは地震観測研究のほんの一端に触れ，まさに，万（多くの観測点）のうちの一つを担うのみである。しかし，裏返して言えば，最先端の地震研究と小学生という「水と油」の間にすら，工夫次第でこのような関係性を構築可能だとも言える。まして，子どもでなく大人であれば，あるいは，地震よりも通常身近な災害と言える風水害や土砂災害においては，第2章4節で紹介した3つの事例—舞子高校環境防災科の防災教育，「雨プロジェクト」，「防災モニター」—のように，専門家と非専門家との間に「共にコト（ホンモノの防災実践）をなす」関係性を構築することは，はるかに容易である。「満点計画学習プログラム」単体を見るのではなく，本プログラムが，こうした他の諸実践と，そのベースとなる思想と理論（正統的周辺参加理論）でつながっている点が重要である。

②継続的な防災教育・学習

子どもたち自身が,地震観測活動の一角を長期間担うことで,1回限りのイベント型の防災教育に終わらせない。地震計のお世話は年度代わりには次学年に引き継ぎ,学校にも継続的に関与いただける。この点については,先に百葉箱の例を引いたように,小なりとは言え満点地震計という道具(第2章4節の用語で言えばアーティファクト)が,本プログラムに介在していることが奏功している。授業やワークショップといった「活動」もむろん重要である。しかし,第7章で痕跡やモニュメントなど有形のアーティファクトが災害の記憶を保持する機能について論じる中で触れているように,「活動」そのものは無形であることの弱点も当然ある。他方で,有形のアーティファクトである地震計が常時,小学校に設置されていることは,年4回の「活動」(メンテナンスと防災授業)とあいまって,防災教育に継続性を確保し,ひいては,「地震計のある学校」というアイデンティティを学校サイドに生じる効果も生んでいる。

③地域や身のまわりへの関心を喚起

この点は,本プログラムを進める以前には筆者らの念頭にもほとんどなく,授業を企画する過程で気づいたポイントである。すなわち,子どもたちは—そして筆者らも—,「満点地震計」による観測作業に参加することで,通常はあまりもちえない視点,つまり,身体には感じない地面の揺れという視点から地域を"見る"目を養うことができた。具体的には,3節(2)項で触れた通り,列車や自動車,降雨などによる揺れである。これらは,本来地震観測にとってはノイズとなるものである。しかし他方で,それらの揺れの原因を確証するためには,新たな調べ学習によって,鉄道ダイヤや気象データ(アメダスのデータ)などをチェックする必要があり,工夫次第で,地震学習という当初の実践目的とは別に,子どもが地域の自然や社会を観察する動機を与える役割を果たしうる。

④「理科離れ／科学嫌い」対策への糸口

近年,理科離れが問題視されている。その理由の一つとして,学校の理科教育が知識教育偏重に陥り,観察や実験など実際に子どもが五感を動員しながら自然(自然環境のもとであれ,実験室の中であれ)と関わる経験が不足している

点，あるいは，そうした経験につきまとう試行錯誤の妙味が欠落している点が指摘されることが多い（たとえば，寺田・山本・川上，2007など）。本プロジェクトが，まさに満点地震計という恰好のアーティファクトを得て，前者の課題を解消しようとするものであることは容易に見てとれよう。さらに，本プロジェクトがそれほど順風満帆でない点が，かえって，後者の懸念を払拭する機会を提供していることも指摘できる。すなわち，本プロジェクトでは，これまで，記録装置に付属するGPSアンテナ線の切断，および，乾電池の不具合（セットミスか，もしくは，乾電池そのものの不良）によって，3度ほどデータ取得に失敗している。その際，筆者らは，子どもたちに，失敗の事実とその原因（と想像されること）を伝え，同時に，研究者が進めている「満点計画」本体においても，不注意（乾電池のセットミスなど）やアクシデント（大雪や大雨，小動物の機器への衝突など）によって，失敗が生じていることを伝えている。こうした試行錯誤のプロセス全体が，地震観測を含む科学の営みであることを伝える必要性があると考えているからである。

⑤地震学の「アウトリーチ」

本プログラムは，地震観測のイロハを子どもたちに伝える役割も果たしている点で，広い意味で，地震学のアウトリーチ活動と見なすことができるだろう。ただし，しばしば誤解されがちなので注意が必要なのは，アウトリーチは，非専門家のため（だけ）に専門家が行うサービスではない，という点である。アウトリーチは，当該の専門家が進めている専門分野の活動（この場合，地震学）の安定的な継続にとっても非常に重要である（大木，2012）。すなわち，たとえば，地震学が何を見いだし，何を克服できずにいるかについて，広く一般の人びとと理解を共有することは，地震学に対する不当な誤解や過度の期待を抑止しつつ，同分野の社会的プレゼンスを高める効果がある。折しも，本プログラムを推進中の2011年3月11日，東日本大震災が発生した（先述の通り，両校の地震計ともその地震動をとらえた）。それ以前の地震学や関連学界が，東北地方沖の太平洋でこの規模の地震が発生する可能性を十二分に予想していたとは言いがたい上に，「想定外」という流行語が，それに対するエクスキューズと

受け取られた節もあった。このため，地震学に対する社会の風当たりも強くなり，地震学界もその対応に追われている（日本地震学会東北地方太平洋沖地震対応臨時委員会，2012）。しかし，そのようなときだからこそ，「社会の中の地震学」を問い直し，その限界も意義も今後の現実的展望も含めて，一般の人びとに伝えていく営み，すなわち，アウトリーチが重要であろう。この意味で，本プログラムは，けっして，小学生の防災学習のためだけにあるのではない，地震学（地震研究者，防災研究者）そのものにとっても大切な試みだと言えよう。

5　阿武山観測所サイエンス・ミュージアム化構想

（1）　京都大学防災研究所阿武山観測所──歴史的地震計の宝庫

　京都大学防災研究所は，京都府宇治市にある本拠地以外に，全国にいくつもの観測施設を有している。阿武山観測所（大阪府高槻市）は，そうした観測所の一つである。現在の観測所所長は，前述の飯尾能久教授であり，筆者も，後述のサイエンス・ミュージアム化構想に伴って，同観測所にも併任している。

　同観測所は，1930年（昭和5年）の開設以来80年余りの歴史を有し，初代観測所長の志田順が，地震学・地球内部物理学において，歴史に残る重要な発見を数多く成し遂げるなど，長期にわたって近現代日本の地震観測研究をリードしてきた。長い年月にわたって積み重ねられてきた研究活動の副産物として，同観測所には，佐々式大震計，ガリチン地震計，ウィーヘルト地震計など，非常に著名な歴史的地震計が観測可能状態で保存されている（図4）。

　他方で，阿武山観測所は，現代的な価値も有する。それが，他ならぬ「満点計画」の基地としての機能である。万点規模の地震観測網を運営するためには，機材のチェックと保管，消耗品等の在庫管理など，広い基地スペースを必要とするからである。さらに，これは地震研究とは直接関係しないが，開設当時においてモダンを極めた建築が，現在では，文化財的価値をもつ歴史的建造物として高い評価を受けている（図5）。これを活かして，同観測所は映画やドラマのロケ地としても活用されており（第8章1節(2)項を参照），このことが後

第6章　みんなで作る災害情報

図4　約80年前に作られたウィーヘルト地震計（重さ約1トン，阿武山観測所で保存・展示）

図5　京都大学防災研究所阿武山観測所の建物

述のサイエンス・ミュージアム化構想にもプラスに働いている。

（2）　オープン・ラボ——「満点計画」との連携

　さらに，阿武山観測所では，歴史的な地震計群を活用して新たなアウトリーチ活動が開始されている。これが，「サイエンス・ミュージアム化構想」である。同観測所を，地震観測研究（「満点計画」）の拠点として活用すると共に，所蔵する歴史的な地震計を公開し，かつ，先端的な地震観測研究が行われている現場で，「満点計画学習プログラム」で培った学習プログラムを活用して，専門家と一般の人びとが交流することにより，地震や防災について理解を深めようというものである。

　80年の伝統をもつ現役の地震観測所を，サイエンス・ミュージアム（地震学に関する博物館）としても活用しようとするこの試みは，飯尾教授と筆者を中心とするチームで，2011年から本格稼働させた。この取り組みの中核となる「阿武山オープン・ラボ」は，2011年だけで，合計4回開催した（図6）。「オープン・ラボ」に加え，観測所職員の努力によって通常の施設公開日も設定し，「阿武山観測所見学会」として合計8回開催した。これらの取り組みの結果，2011年度，阿武山観測所を訪問した人は，純粋なゲストだけで合計982名にも上り，サポータースタッフ（後述）などを加えると1,000名をはるかに

図6　「阿武山観測所オープン・ラボ」（第3回）のチラシ

上まわった（この試みの開始前の2010年度以前は，年間平均200名程度に過ぎなかった）。なお，この中には，「満点地震計」の設置校の一つである下山小学校の子どもたちも含まれている。「満点計画学習プログラム」の特別編として，小学校に設置した最先端の地震計（満点地震計）のルーツについて勉強してもらおうというねらいから招待したものだった。

さらに，阿武山観測所では，現在，オープン・ラボの活動を一般の人びとにも共に支えていただくために，サポータースタッフを募集し養成する取り組みを開始している。つまり，一般の人びとに，ゲストとして観測所を訪れてもらうだけでなく，ゲストを迎える側（ホスト）としても活躍してもらうことで，阿武山観測所をより広く社会に開かれたものに変えようというねらいである。こうしたサイエンス・ミュージアムの取り組みが，「満点計画」とはまた別の形で，本章のテーマ，すなわち，「みんなで作る災害情報」を志向していることは容易に見てとれるだろう。

東日本大震災もそうであるが，近い将来の発生が心配される首都直下型地震や南海トラフの巨大地震・津波は，多くの専門家が危惧するように，たしかに，場合によっては「国家的危機」を招くだろう。したがって，その甚大な被害を少しでも軽減するためには，「災害を軽減する国民運動」（内閣府，2007）が必要となろう。ただし，大切なのは，その形態である。「国民運動」なるものが，トップダウンの国家的動員に堕することなく，真に参加的で共同的な活動—共になすホンモノの実践—となるような土台づくりが必要である。本章で紹介した事例は，そのためのささやかな一歩と思っている。

謝辞

満点学習プログラムの推進にあたっては，地震計を設置いただいている2つの小学校，すなわち，京都府京丹波町立下山小学校，および，鳥取県日野町立根雨小学校のみなさまに，長きにわたってご協力をいただいている。また，本学習プログラムと阿武山観測所のサイエンス・ミュージアム化構想については，本文中でも紹介した飯尾能久氏（京都大学防災研究所）のほか，米田格氏，阪口光氏（共に阿武山観測所），そして，城下英行氏（関西大学社会安全学部），平林英二氏（人と防災未

来センター）他から絶大なご協力とバックアップを頂戴している。皆様に心からお礼を申し上げたい。

〈文　献〉

飯尾能久（2009）内陸地震はなぜ起こるのか？　近未来社

飯尾能久（2011）次世代型地震観測システムの開発と運用――満点（万点）を目指して　京都大学防災研究所年報, **54**(A), 17-24.

飯尾能久・矢守克也・岩堀卓弥・城下英行（2012）東北地方太平洋沖地震と地震防災に関する最先端の研究　物理教育, **60**(4), 28-34.

岩堀卓弥・城下英行・矢守克也（2011）正統的周辺参加理論に基づく防災学習の実践――「満点計画」を通して　第30回日本自然災害学会学術講演会発表論文集 pp. 29-30.

岩田弘三（1999）理工系人材養成をめぐる問題――理工系離れ, 科学技術離れ, 理科離れ　中山茂・後藤邦夫・吉岡斉（編）通史・日本の科学技術 5 - Ⅱ　国際期1980-1995　学陽書房　pp. 586-599.

京都大学防災研究所（2011）歪み集中帯の重点的調査観測・研究プロジェクト　平成22年度成果報告書　pp. 98-117.

村松泰子（2004）理科離れしているのは誰か　日本評論社

内閣府（2007）災害を軽減する国民運動のページ　[http://www.bousai.go.jp/km/index.html]

日本地震学会東北地方太平洋沖地震対応臨時委員会（2012）地震学の今を問う（東北地方太平洋沖地震対応臨時委員会報告）[http://zisin.jah.jp/pdf/SSJ_final_report.pdf]

大木聖子（2012）社会と地震学コミュニティとの信頼の構築　地震ジャーナル, **53**, 26-31.

城下英行（2012）次に向けて――防災教育　藤森立男・矢守克也（編）復興と支援の災害心理学　福村出版　pp. 239-258.

寺田安孝・山本太郎・川上昭吾（2007）地域・学校・博物館との連携によるインフォーマル・エデュケーションの実践――理科好きな子どもを地域で育てる理科実験教室の取り組み　愛知教育大学教育実践総合センター紀要, **10**, 85-90.

内田盛也（1995）いま, 工学教育を問う　日刊工業新聞社

山口隆子（2006）日本における百葉箱の歴史と現状について　天気, **53**(4), 3-13.

第Ⅲ部　災害情報の多様性

第7章

「あのとき」を伝える災害情報
―― 生活習慣・痕跡・モニュメント・博物館 ――

　災害情報は，狭義には，たとえば，津波警報や避難指示など，緊急時にあって，危険を回避したり被害を最小限に食い止めたりするために，比較的短いタイムスパンで活用される情報を意味することが多い。しかし，過去の災害による被災の事実やそこから得られた学びを長期にわたって保存し伝達するようなタイプの情報も，広義には災害情報と呼ぶことができるだろう。特に，東日本大震災の引き金となった地震・津波が，「千年に一度」の現象であった可能性が指摘された今日（たとえば，都司，2011），こうした長いタイムスパンに立って，忘れ去られがちな「あのとき」を伝える情報の重要性とそれに対する関心が増している。人間のライフスパンとは相容れないほど遠い過去に起こった災害を確実に後世に伝える災害情報—災害文化と称すこともできようが，北原（2006）にならって，ここではそれを「災害史」と呼ぶことにしよう—とは，どのようなものなのか。あるいは，長い年月をかけて，人びとの行動や生活を防災・減災に資する方向へと，意識的に，あるいは無意識のうちに導いていく災害情報—「災害史」—とは，どのようなものなのか。

1　「災害史」の困難

（1）　**災害史とは何か**

　この種の災害情報について個別具体的に検討する前に，本節では，まずいったん立ち止まって，「災害史」について基礎的な考察を加えておこう。それは，「災害史」を記述することは，一見そう見えるほど単純で簡単なことではない

からである。その理由を一言で言えば,「災害史」と,それを記録し認識する人間・社会の営みを完全に切り離すことが困難だからである。

　まず,もっともシンプルに見えるケース,すなわち,自然災害の引き金となる自然現象を記録にとどめることだけに焦点を絞ったとしても,いくつかの問題に突き当たる。たとえば,地震動は,人間や社会の営みとは無関係に,自然の摂理に従って,過去から今日に至るまでずっと発生し続けてきた。しかし,その事実は,地震動に関する知識,それを記録する装置,過去の地震が残した地形的・地質的特徴を同定するための知識や技術,さらには,昔の人びとが地震動を感知して残したものと推定しうる報告文など,いずれにしても,人間・社会の営みを通さない限り,「災害史」の一こまにはならない。

　純粋な自然現象ではなく,それが人間・社会に及ぼした被害や,被害に対する人間・社会の側のリアクション(復旧・復興のための営みや次の災害に対する備え)まで考慮に入れると,「災害史」はいよいよ複雑な様相を呈する。被害やそこからの復旧・復興の記録・記述は,けっして客観的な形―だれが記述しても同じアウトプットとなる形―では得られないからである。もっとも単純なケースとして,いわゆる「災害年表」の類いを想起してみればよい。たいていの場合,年表を過去へとさかのぼるにつれて,災害の発生時点や規模や被害程度に関して,「××年頃」,「死者数千人(推定)」といった記述が目立つようになる。また,遠い過去に目を向けずとも,現代においてすら,被災した社会の政治体制,社会状況によっては,災害の規模や被災の実態が不明瞭な形でしか把握できないケースも,開発途上国を中心に少なからず存在している。

　一見「客観的」に見える数字で表現された限りの災害ですら,このような状態である。よって,たとえば,当該の災害について,何を記録(歴史)として残すべき特徴や教訓と見るかなど,人びとの主観的判断や社会的情勢が大きく関与する事がらになると,事態はいっそう混沌としてくる。そして,このような事態の極点に,たとえば,「昭和の東南海地震」(1944年)のように,戦時下という特殊事情によって,その発生や詳細が意図的に「隠された災害」(たとえば,山下,2009)が置かれる。人為的に「なかったこと」にされてしまう自

然災害すら生じるのである。

　また，一見するとこれとは逆に見えるが，特定の災害を，人間や社会にきわめて大きな影響を及ぼしたエポック・メイキングな出来事ととらえる理解にも，実は同様の陥穽が潜んでいる。ある災害のインパクトをことさらに大きいものととらえ，その前後に非常に大きな断絶を見ることは，当該の災害を人為的に「過大・過剰」に見せるものである。よって，「なかったこと」にすることとは正反対の方向を向いてはいるが，これも同様の罠に陥っていると言えるだろう。たとえば，湯浅（2011）は，─おそらく，クライン（2011）の「惨事便乗型資本主義」に触発されて─この種の論調を「便乗復興論」と名づけた。その上で，東日本大震災後の論壇やマスコミ報道に触れながら，「まるで『事件』がすべての経緯・文脈・歴史・『生活』から解き放ったかのように，『事件』の切断面周囲に浮遊する。したがって，歴史的な事件だと強調しながら『便乗復興論』には歴史性がない」と，厳しく批判している。

　このように，「災害史」は，過去に起こった現象（自然現象，社会現象の両方を含めて）を，淡々と客観的に記録したものではありえない。要するに，だれがいつ記述しても同じ「災害史」ができあがるわけではない。つまり，「災害史」とは，ポジティヴに言えば，どのような出来事を「災害」と称するかも含めて，人間・社会が能動的かつ主体的に記述した産物である。他方，ネガティヴに言えば，それは，人間・社会の都合─観測技術などの技術的制約や，価値規範（何が望ましいと考えるかの基準）などの社会的制約─によって大きく影響されて生まれる他ない。

　蛇足になるが，自然災害と称されるものですらこのような有様であるから，まして，人間・社会の営みがむしろ主因（少なくとも重要な従因）となって発生したと考えられる火災や事故（たとえば，原子炉等の事故，航空機事故など）を，「災害史」の中に書き込む作業は，元来，非常に困難なことである。いつだれがどのような立場からそれについて記述するのか，またその権利があるのかが，深刻な問題として浮上するからである。

（2）「リスク社会」における「災害史」

　前節で述べたことを別のフレーズで表現すれば，「私たちは，災害現象そのものに立ち向かっているというよりも，『災害史』に対して防災・減災対策を講じようとしている」と言うことができる。過去の災害現象そのものにダイレクトに直面することはできず，災害を構成した自然現象から，ごく一部だけを観測・観察した結果としてできた「災害史」（観測・観察されなかったものは，もはや存在しないに等しい），あるいは，災害現象から記録や教訓として抽出された「災害史」（抽出されなかったものは，もはや存在しないに等しい）に対してしか，今の私たちは直面できないからである。

　このことは，もちろん，重大な課題である。よって，その改善へ向けて，観測・観察されなかった何か，あるいは，抽出されなかった何かを，過去の出来事から復元的に再構成しようとする努力を，意図的かつ継続的に続けることは，大変重要である。また，「現在進行形」とされる災害については，それについて何を観測・観察するのか，何を「災害史」として刻むのかについて，その災害を同時代人として生きている者は大きな責任を負っているということでもある。実際，まだ東日本大震災の渦中にあると見なしうる今（2013年），無数に生じる出来事のうち，何を見，何を記録し，何を伝えようとするのかは，私たちに課せられた重大な選択であり課題である。また，たとえば，阪神・淡路大震災は私たちに何を突きつけたか，中越地震から何を学ぶのかは依然大きな課題であるし，関東大震災が投げかけている今日的課題について考えることの意義は，現時点でもけっして小さくはないであろう。

　さて，社会学者のベック（1998）は，現代社会は「リスク社会」だと論じている。しばしば誤解されているが，「リスク社会」とは，自然災害や人為災害などのハザード（危険，リスク）を多数抱える社会のことではない。すなわち，たとえば，自然災害が頻発しNBC災害（核（nuclear），生物（biological），化学物質（chemical）による災害）と称される新手のハザードも続々登場しているという単純な事実に基づいて，現代を「リスク社会」と称する議論も散見されるが，それは誤りである。そうではなく，「リスク社会」とは，私たちの社

会にとって何がハザードなのかを，だれかが——たとえば，科学者が——あたかも「神」のように，第三者的に，かつ客観的な立場から同定することが困難であるような社会のことを言う（大澤，2008）。

このことを，本節のキーワードである「災害史」を使って言いかえれば，「リスク社会」とは，何を「災害史」として記録すべきかを「神」の視点から決定することが困難であるような社会，ということになる。すなわち，災害の種別や多様性が増し，かつ，何を被害と見て，何を復旧・復興の要だと考え，何を防災・減災上の優先課題だと認定するのかに関する価値観，判断基準が急速に多様化・複線化する今日，「これこそ，災害史だ！」という決定版を記述することができる人間を想定することが困難になっているのである。「自然科学者は自然現象については書けても，社会現象としての災害は無理だ。いや，研究者だけが災害史を書く資格をもっているのか。被災者や災害対応の最前線にいた実務者こそが記述主体となるべきだ。いや，ボランティアが記録を残す意味も大きい…」といった具合である。

以上のように，「リスク社会」において「災害史」を記述することは，一般に困難である。しかし，一つだけ銘記しておいてよいことがある。それは，「災害史」を記述する作業そのものを十分モニタリングすることが重要になるという点である。前項で述べたように，完璧に網羅的で客観的な「災害史」は，そもそも描くことはできない。「災害史」は，常に，ある特定の，つまり，偏った視点に立って記述される他ない。そして，個々の視点には必ずその死角が伴っている。この死角をトータルに避けること，言いかえれば，「神」の視点に立って「災害史」を描くことは，けっしてできない。そうだとすれば，「リスク社会」においても可能だし，また望ましい態度は，自らが描いた「災害史」の死角を，自らモニタリングすること（たとえば，時を変えて再度見直すこと）と，あるいは，多くの人びとと——しかも，可能な限り，年齢・性別，そして，立場や職業などを異にする多様な人びと——によって，相互に「災害史」の死角をモニタリングすることである。そこには，「何が描かれていないか」，あるいは，「何が過剰に書き込まれているか」という目をもって。

第Ⅲ部　災害情報の多様性

2　多様な「災害史」の分類

　前節で述べた「災害史」にまつわる困難とそれに対する最低限の処方箋——「災害史」を記述する作業をモニタリングすること——を踏まえれば，内容（何を記述するか），主体（だれが記述するか），方法（どのように記述するか），それぞれの観点について，「災害史」の多様性を豊かにすることが望まれる。本章では，この最後の観点，すなわち，方法（どのように記述するか）の観点から，「災害史」を大雑把に分類してみたい。それは，長いタイムスパンに立って災害の記録・伝達を図るための災害情報について考察・検討する場合には，たとえば，避難指示など狭義の災害情報を取り扱う場合よりも，ここで言う方法の多様性が大幅に増し，かつ，それぞれの方法が有する性質の違いもより鮮明になるからである。

（1）「言語的／非言語的」,「意図的／非意図的」の分類軸
　図1は，「災害史」を記録し伝達するために利用されてきたさまざまな方法について，それらが主として「言語」的情報によるものか，それとも「非言語」的情報によるものか，および，記録・伝達の営みそれ自身が，記録・伝達の主体にとって，「意図的」なものか，それとも「非意図的」なものか——以上2つの分類軸に沿って整理したものである。ここで，別の分類軸も容易に想定しうるにもかかわらず，これら2つの分類軸を採用してみたのは，長期にわたる保存性・伝達力が要請される災害情報，すなわち，「災害史」について考察するとき，これら2つの分類軸——「言語的／非言語的」の別，「意図的／非意図的」の別——が，とりわけ大きな重要性をもつと判断したからである。

　まず，言語については，一方で，それがもつ強力な普遍性が強い伝播性を保証する場合がある。たとえば，本来，2つとして同じ現象は反復されず，また個々に固有の特徴をもつ出来事が，同じ「津波」という用語で包括されることがもたらす伝播力である。考えてみれば，まったく同じ経験は絶対にできない

第7章 「あのとき」を伝える災害情報

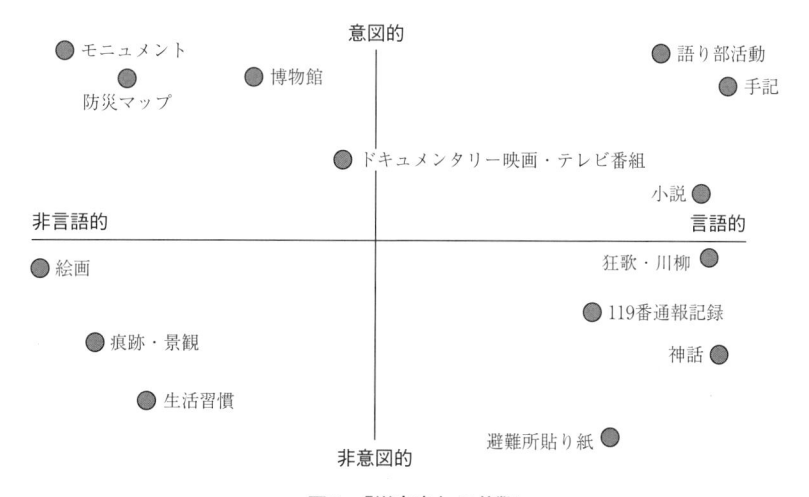

```
                        意図的
  ● モニュメント                          ● 語り部活動
    ●                ● 博物館              ● 手記
    防災マップ
                    ● ドキュメンタリー映画・テレビ番組
                                              ● 小説
非言語的 ─────────────────┼───────────────── 言語的
  ● 絵画
                                      狂歌・川柳 ●
                                      ● 119番通報記録
    ● 痕跡・景観
                                            神話 ●
        ● 生活習慣
                                  避難所貼り紙 ●
                        非意図的
```

図1　「災害史」の分類

にもかかわらず，私たちが他者の経験から多くを学ぶことができるのは，言語の効果によるところがきわめて大きい。しかし他方で，容易に察せられるように，そのことがかえってマイナスに作用する場合もある。個々の事象の固有性が喪失し，もっとも大切な細部が，まさに言語化されたことによって失われてしまったと感じることは，だれにもあるだろう。非言語的な情報についても，同様のことが言える。たとえば，特定の地形の存在や特定の生活習慣（の反復）など，特に長期的な観点に立ったときには，それが言語（たとえば，口頭による伝承）よりも，災害体験の保存や伝達にとって優位性をもつ場合も想定できるが，もちろん反対のケースも考えられる。

意図的／非意図的の軸についても，同様である。ある災害について，それを意図して記録・伝達しようとする活動は，そうした活動が存在しない場合よりも，当然ながら，当該災害の記録・伝達に対して，概ねプラスに働くであろう。しかし，特に，長期的な視点に立った場合，例外も生じうる。まず，第3章で取り上げた「天災は忘れた頃にやって来る」というフレーズに象徴されるように，長期的に見れば，意図的な活動は，継続性という観点で大きな弱点をもっていると言わざるを得ない。意図して記録・伝達されている内容が力を発揮す

る舞台・場面（すなわち，次の災害）は，なかなかやって来ないからである。

　そのため，むしろ，未来の災害に備えるためという意図性や目的性を欠落ないし縮小させて，たとえば，祭りや地域のならわしなど，防災とは別の看板のもとで反復される活動の方が，結果として，災害の記録・保存に資する場合も生じうる（矢守，2011）。また，たとえば，災害の渦中にあった人びとがなした行為やその記録（たとえば，現代においては，安否不明の家族の消息を求める貼り紙，過去においては，当時の世相を風刺した狂歌など）は，災害を伝える強力な記録性をもっているが，少なくとも当事者には，後世へ向けた記録・伝達に関する意図性は，その当時，ほとんどなかったであろう。

（2）　混在する複数の性質

　なお，実際には，各種の記録・伝達方法を，ここで採用した2つの分類軸の両極へきれいに分類・配列することは困難で，混合的な性質をもっていることが多い。まず，言語と非言語の区別については，そもそも，言語情報が，通常，たとえば，それを発声する人や録音メディア，あるいは文書など，いずれにせよ何らかの非言語的で物質的な基盤が与えられない限り保持されない点に留意しなければならない。この点で，言語情報は，通例，非言語情報としての性質を多かれ少なかれ混在させている。また，テレビ番組やドキュメンタリー映画は，図1では非言語情報のサイドに位置づけてあるが，むろん，それらはナレーションなど，言語情報にも大幅に依存した方法であることは言うまでもない。

　意図的／非意図的の境界も，しばしば曖昧なものとなる。たとえば，上で例示した消息確認の貼り紙は，当事者にとっては非意図的であったと見なされるが，それを，記録の目的で収集・保存した者にとっては，むろん意図的と見なしうる。あるいは，上掲の生活習慣の中には，当初，過去の災害を記憶し将来の災害に備える意図を持ち合わせていたものが，次第に意図性を欠落させていったケースもあろう。かつ，生活習慣それ自体は，通常，非言語的なものであるが，その一部が言語化されている場合もあろう（たとえば，祭りの意味を

書き留めた古文書など)。以上の意味で，記録・伝達のための諸方法は，けっして相互排他的に位置づけられるべきものではなく，多様な性質がそれぞれの方法の内部に混在していることの方が多い。

(3) その他の分類軸

上述のように，図1の分類軸は，筆者なりの一つの試みに過ぎず，別の分類軸による整理ももちろん可能である。すぐに思いつくものだけでも，以下のような分類軸は重要度が高いと思われる。たとえば，第1に，「ワンウェイ」か，「インタラクティヴ」か。これは，記録・伝達する側とされる側との間の関係性が，一方向で相互の交渉が絶無あるいは少ないケース(記録文書など)と，両者が関係性をより強くもつケース(聴衆を前にした被災体験の語り継ぎなど)とのちがいである。第2に，「ノンフィクション」か，「フィクション」か。過去の出来事について，意図的な改変を極力排して記述することを試みる場合もあれば(たとえば，学術論文)，逆に，積極的な改変を導入する場合もある(たとえば，第8章で取り上げる小説など)。第3に，「集中」か，「分散」か。言語によるものであれ，非言語によるものであれ，災害を記録・伝達する媒体を特定の空間に集中させることもあれば(たとえば，この後検討する災害に関する博物館など)，それらが広範に分散していることもある(たとえば，被災地域の個人家屋に災害の記録が私蔵されているケース)。

以下，図1に例示した多種多様な方法のいくつかについて，節をあらためて概観していくことにする。本章では，生活習慣(3節)，痕跡や景観(4節)，モニュメント(5節)，博物館(6節)を取り上げる。なお，マニュアルや防災マップについては，本書の第2章で，小説と手記については第8章で，テレビ番組については第9章で，さらに語り部活動については矢守(2010)で，それぞれ詳しくとりあげているので参照されたい。

3　生活習慣（ライフスタイル）

（1）〈生活防災〉と災害文化

　本節で検討している「災害史」と生活習慣（ライフスタイル）との接点は，筆者（矢守，2005，2011）が提起してきた〈生活防災〉や，「災害文化」という概念を考えると理解しやすい。〈生活防災〉とは，一言で言えば，生活総体（まるごとの生活）に根ざした防災・減災実践のことであり，生活文化として定着した防災・減災と言ってもよい。すなわち，〈生活防災〉の考え方は，防災・減災を日常生活の他の領域とは無関係の独立した活動とはとらえない。

　むしろ，日常生活を構成するさまざまな諸活動—たとえば，家事や仕事，勉強はもちろん，高齢者福祉，地域環境，子どもの安全といった社会が抱える諸課題に関する活動，個人的な趣味やレジャー，あるいは，地域のお祭り，スポーツイベントなどに関する活動も含む—と共に，防災・減災に関する活動を生活全体の中に融け込ませることを重視する。同じことを別様に表現すれば，〈生活防災〉は，防災・減災を日々の生活習慣の中に組み込む（ビルトインする）こと，あるいは，地域社会や組織が日常的に取り組んでいる活動の中に組み込むことを目指す。生活まるごとにおける防災・減災，言いかえれば，他の生活領域と引き離さない防災・減災が目標とされるわけである。

　〈生活防災〉が，一定の空間に集積ないし時間に蓄積したものを，「災害文化」と称することができるだろう。たとえば，古来，幾多の災害に見舞われてきた，この日本列島に暮らす人びとは，世界的に見ても豊かな災害文化を育んできたと言われる。稲作を支えるための仕組みや知恵の集積，つまり，気象や農作に関する生活習慣，言い伝え，暦などは，稲作を中心とする日々の暮らしを支える生活習慣の全体が，台風や冷害といった災害をやり過ごすための実践，つまり，〈生活防災〉とイコールであったことを示しているとも言える。

　災害文化には，このように，ほぼ全国的な広がりをもつと考えられるものに加えて，特定の地域に固有でユニークなものもある。たとえば，三陸沿岸の津

第7章 「あのとき」を伝える災害情報

波常襲地域は，第4章で取り上げた「津波てんでんこ」の言い伝えを含む独自の津波災害文化を育んできた。他にも，助命壇や水屋など，水害から命や家財を守るための著名なハードウェアを有する輪中文化（木曽川，長良川，揖斐川の木曾三川流域），頻繁な台風来襲とシラス土壌を前提に，その土壌に適した作物栽培や土地の割替え制などの習慣を含むシラス文化（鹿児島県），火山噴火がもたらす被害と恩恵との舵取りに関する知恵の集積としての火山災害文化（北海道有珠山や雲仙普賢岳の周辺地域他）など，いくつもの事例を指摘することができる。

災害文化，あるいは，〈生活防災〉と聞くと，24時間365日常時警戒態勢というせっぱ詰まった防災・減災一色の情景や生活を思い描く人も多いようである。しかし，たとえば，消防士などの防災を生業にしている方々は例外として，こうした態度は長続きしないし，文化としても日常の生活習慣としても定着しない。むしろ，上記の各事例に見られる通り，豊かな災害文化とは，災害と共に生きていく工夫の集積のことである。自然の脅威はやり過ごし，逆に，その恵み（火山がもたらす温泉，洪水がもたらす肥沃な土壌，大雪がもたらす豊富な湧き水など）は享受しながら，災害と共生するすべのことである。言葉をかえれば，これらの事例では，防災のための営みが生活習慣として無意識のうちに日常の暮らしに組み込まれているからこそ，災害発生の事実に関する記憶や次に対する備えが，災害直後のみならず長きにわたって定着・継続していると言うことができる。

(2) 非意図的（無意識）だから強い

非意図的（無意識）であることがもつ強さを，別の事例に求めてみよう。それは，新潟県中越地震（2004年10月）の被災地での事例である。筆者らは，かつて，同地において，言わゆる「中山間地」が災害に対して強靱である側面（脆弱ではない）に注目して，小さな調査研究を行った（稲積，2010；矢守，2011）。その結果，中山間地には，防災・減災上，長所となる特性が—短所となる特性と共にではあるが—多く存在することがわかった。まず，湧き水・井

戸や食料（現に田畑に植えてあるもの，森林で採集できるもの，多くの保存食）の存在は，もちろん重要である。

　ただし，より注目すべきは，単なる環境的な特性ではなく，生活習慣や社会的な関係性に見られる特性である。たとえば，納屋，ビニールハウス，土間など，インドアとアウトドア半々の空間を日常的によく利用していて一時避難所として有効に活用できたこと，豪雪地帯であることから通常から日用品をストックする習慣があること，ふだんから近くの町に買い物に行くときは，一人暮らしの高齢者をクルマに同乗させて出かけるなどご近所の助け合いが生活に根づいていること，あるいは，集落を出た親戚（兄弟姉妹など）が近隣の平地（都市部）に居住していて日頃から交流しているため，たとえば，一時避難したり風呂を利用したりできたこと，などである。

　上記の例示で，「日常的に」，「通常から」，「ふだんから」，「日頃から」という用語をあえて繰り返し用いた。それは，これらの生活習慣が防災・減災上の長所となっていることを，当事者の方々は，「まったく意識していなかった」（筆者らが被災地の一つ新潟県川口町で得た証言）ことに，注意を促したかったからである。もちろん，住民の方々は，地震対策として，納屋をもち，日用品をストックし，隣近所で一緒に買い物に行き，親戚づきあいをしていたわけではない。豪雪やかつての土砂災害による孤立という経験を自覚して，意識的にそのような暮らしをしていた側面は皆無ではないにしても，むしろ薄いであろう（「まったく意識していなかった」とおっしゃっているのだから）。それらは，単に「日常的に」，「ふだんから」行われていただけのことである。

　しかし，無意識だから，非意図的だからこそ強い側面もあることに気づく必要がある。考えてみれば，自転車に乗れることでも，パソコンを使いこなせることでも何でもいい。何かがほんとうに身についた状態，何かがたしかに他者から自分のものとして伝えられた状態とは，特段意識することなく，そのことを実行できる状態に他ならない。だから，逆説的な言い方になるが，やれ防災・減災だ，やれ××災害を忘れるな，などと声高に唱えているようでは，災害文化も「災害史」も，まだ半人前なのかもしれない。「災害史」の一形態と

第7章 「あのとき」を伝える災害情報

しての生活習慣（ライフスタイル）がもつ最大の特徴は，こうした非意図的で，多くの場合，非言語的な伝達情報としての側面であると位置づけられよう。

4　痕跡・景観

(1)　3つのカテゴリー

　ここで言う痕跡は，第1に，大規模な地滑り面など，自然（景観）そのものに属すると考えられるもの，第2に，破壊された建築物や発災の時刻で止まった時計など，災害によって破壊された人工物，第3に，土砂災害の後に建設された砂防ダムなど，被災が直接の引き金となって逆に生みだされた人工物など，いくつかの種類に分けて考えることができる。しかし，この後すぐ述べるように，この種別はそれほど明瞭なものではなく相互の境界はあいまいである。

　第1のカテゴリーに入るものとしては，阪神・淡路大震災の場合，たとえば，野島断層（兵庫県淡路市，旧北淡町）が著名である（図2）。東日本大震災については，現時点でも，津波に襲われ広大な空隙となった景観そのものが各所に残されているし，その中に特定の一所―たとえば，陸前高田市の「奇跡の一本松」（2012年9月，保存処理のために切り倒された）など―がフォーカスされる場合もあろう。さらに，今でも人が立ち入ることさえできないほど放射能によって汚染された空間は，非常に残念ではあるが，相当長期間にわたって今回の災害の痕跡としてそこにあり続けることになるだろう。

　第2のカテゴリーに該当するものとしては，阪神・淡路大震災の場合，たとえば，神戸港に残る破壊された岸壁（神戸市中央区）や，火災に耐えて焼け残った「神戸の壁」（神戸市長田区，現在は後述の北淡震災記念公園に移設）などを挙げておくことができる。東日本大震災の場合，津波で大きな被害を受けた防潮堤，特に，「万里の長城」と称された宮古市田老地区のそれ（図3）や，重大な事故を起こした福島第一原発の建屋などが，象徴的な景観となっている。もちろん，瓦礫の下から掘り出された家具や日用品，津波からレスキューされたアルバム（図4）など，個人的な所有物もこのカテゴリーに入る。

第Ⅲ部　災害情報の多様性

図2　地表に露出した断層面（野島断層保存館，兵庫県淡路市）

図3　津波で大きな被害を受けた防潮堤（岩手県宮古市田老地区）

図4　津波からレスキューされたアルバム（岩手県九戸郡野田村）

図5　被災地に掲示された貼り紙（阪神・淡路大震災の被災地で）

（出所）　人と防災未来センター提供

　第3のカテゴリーにも，比較的小さな個人的な人工物と，より大規模で公的な人工物の双方がありうる。前者の例としては，たとえば，災害直後配給された飲料水のボトル，行方不明者を探し求めて書かれた貼り紙（先述の通り，そこに記載された内容に注目すれば言語情報である，図5）などがある。他方，後者の例としては，たとえば，先に，第2のカテゴリーに該当する事例として紹介した田老地区の防潮堤を，再び挙げておくことができる。つまり，それを東日本大震災の痕跡としてではなく，それ以前の津波災害（たとえば，明治や昭和の三陸大津波）が引き金となって生み出された構造物として見れば，当然，それは第3のカテゴリーにも該当する。

（2） 3つの重要な論点

　痕跡・景観を「災害史」としてとらえる際に重要となる論点を，数点指摘しておこう。

　①記憶を宿す痕跡・景観

　第1は，心理学における近年の状況論的なアプローチ（たとえば，佐々木（1996）や茂呂・有元・青山・伊藤・香川・岡部（2012）など）が強調するように，狭義の記憶でさえ，けっして人間の心の内部にのみ格納されているものではなくて，ここで言う痕跡・景観と共にあるという事実である。実際，プルーストの著名な小説『失われた時を求めて』の「マドレーヌ体験」に描かれるように，人が何かを「思い出す」と言うとき，自分（人間）が主体的，意識的に思い出すのではなく，記憶の方が，環境やものの側から自分（人間）の方へと到来するとでも表現したくなることが，しばしば生じる。環境の方に帰属される刺激や情報をきっかけとして，突如記憶がやって来るという体験である。たとえば，久しぶりに嗅いだ蚊取り線香の匂いで子どもの頃の記憶が蘇ったとか，かつて暮らした町を数十年ぶりに訪れるとたちどころに当時の出来事を想起できるとかいった体験である。痕跡・景観が「災害史」の有力な媒体の一つとして重要なのは，それが，この種の体験を引き起こすからである（詳しくは，矢守（2009a）を参照）。

　②他の方法による補完の重要性

　第2に，前節の生活習慣と同様，主として，非言語的で，かつ非意図的な記録・伝達媒体である痕跡・景観は，そのことがもつ独自の長所と共に短所ももち合わせている。たとえば，直前に挙げた事例からもわかるように，痕跡・景観は，人間が意図的に意識下におく記憶以上のものをとどめておくポテンシャルを有している。被災の事実と密接に関連する事物などを，それを経験した人がしばしば積極的に残そうと図るのも，逆に，「辛い経験を思い起こさせるから保存するのはいやだ」とそれに反対する人が存在するのも，このポテンシャルを実感しているからに他ならない。しかし他方で，長期的に見たとき，特に言語による意図的な同定（それが，ある災害に関する痕跡・景観に他ならないこ

図6　広村堤防（和歌山県広川町）
(出所)　近藤誠司氏提供

と）を欠いたそれは，その後の展開の中で，何ごとも特に意味しない「ただの景観（ふつうの景観）」，あるいは，別の何かを意味する景観へと変貌していく可能性も大いに秘めている。

　痕跡・景観の多くが，現実的には，他の方法と組み合わされて「災害史」を構成しているのは，こうした理由からである。たとえば，阪神・淡路大震災で言えば，先に触れた野島断層や神戸の壁が，「北淡震災記念公園（野島断層保存館）」の一部となっていたり（図2），「人と防災未来センター」（博物館，後述）が，当時の被災地で活用された多くの事物を収蔵していたり，といった現象である。また，先に触れた「奇跡の一本松」が，すでにそうした性質をもちあわせているように，痕跡自体が慰霊の場ともなりうる。すなわち，痕跡・景観は，モニュメントとオーバーラップして機能していることも多い。

③間接化された痕跡・景観

　第3は，痕跡は，常に，そしてだれにとっても，直接的なものとは限らないという点である。たとえば，神戸市中心部の背後に控える六甲山はそれ自体，阪神・淡路大震災を引き起こしたものと同じ断層帯が長年にわたって活動してきたことを示す痕跡でもあるが，この事実は，通常，少なくとも素人には意識されていない。しかし，実際には，山地にせよ平地（沖積平野）にせよ，私たちの日々の生活の土台（環境）となっている地形そのものが，地震活動や河川洪水，土壌浸食といった自然現象（自然災害）の，広い意味での痕跡そのものだと言える。

　しかも，同じようなことが，人工物についても言える。たとえば，和歌山県広川町の広村堤防（図6）は，むろん，著名な濱口梧陵らの手になる人為的な産物である（第9章3節(1)項を参照）。安政の東南海・南海地震・津波（1854年）という災害が引き金となって製作された人工物である点で，先に例示した

津波防潮堤や飲料水のボトル，貼り紙と何ら変わるところはない。しかし，その規模が大きいこともあって，今日においては，それは，自然（景観）の一部と化すまでに至っている。すなわち，広村堤防は，六甲山同様，そうであると指摘されなければ，それが「痕跡」であること自体がわかりづらくなっているのである。

　これに関連して，東日本大震災では，「千年に一度」クラスの災害については，ある事物や空間が，過去の災害と無関係であること，別言すれば，その被害を受けていないと想定されることが，逆説的に，当該の災害の性質や規模を暗示する有力な痕跡・景観として同定されるケースも注目された。典型的な事例は，平川（2012）によって指摘された事実で，「海岸沿いに水戸と仙台をつなぐ浜街道が，見事なほどに津波の浸水を免れていた」（p.8）ことである。これは，「浜街道」が現にそこにあること——つまり，その多くが津波の難から逃れたと指摘される多数の神社仏閣や旧家など，町場を従えた街道筋の景観が，他ならぬその位置にあること——が，それよりも海岸寄りのサイドが，かつて，大きな津波災害に襲われたことがあることを暗示する痕跡であった（と，私たちが，事前に同定しておくことも十分に可能だった）ということである。

　したがって，第2の論点として指摘したように，教育（たとえば，「ここは一昔前まで川だった…」，「これはご先祖様が造られた堤防だよ」という語り），あるいは，ツール（たとえば，古い地形図）を通して，それらの環境が多くの人びとにとって，過去の災害と関連する痕跡・景観として受けとられるようにするための工夫が，痕跡・景観そのものの保全とは別に必要とされる場面が多いということである。ちなみに，上記の「浜街道」の事例についても，平川（2012, p.7）は，「三年ほど前に，仙台市の南にある岩沼市の阿武隈川氾濫のハザードマップを眺めていて気がついたことがある」と，痕跡・景観の同定の機縁が，ハザードマップ（という別のツール）との重ね合わせにあったと記している。先に，本章で取り上げている種々の方法は相互補完的に活用されてこそ意味があると述べたのは，まさにこのためである。

第Ⅲ部　災害情報の多様性

5　モニュメント（慰霊碑）

　災害発生の事実を記し，また不幸にして犠牲となった人びとを追悼するためのモニュメント（慰霊碑）は，人びとが，災害後，意図的に建設・設置するもので，その限りで完全に意図性を帯びている。碑文など言語による情報が伴うことはもちろん多いが，その一義的な特徴は物理的な対象物（非言語的な情報）として特定の空間に存在する点にあると考えておくことができる。また，前節での指摘の通り，痕跡などが，時間の経過とともにモニュメント化するケースも，当然想定される。

　阪神・淡路大震災については，被災地の各所に多数のモニュメントが建設された。その代表格が，神戸市東遊園地内にある「慰霊と復興のモニュメント」であろう。その地下には震災で犠牲となった方々の名前を刻み込んだプレートが設置されている。東日本大震災でも同様である。被災地にはすでに数多くのモニュメントが設置された。たとえば，大震災から1年を経た2012年3月11日，気仙沼市波路上杉ノ下地区で一つの石碑（慰霊碑）の除幕式があった。慰霊碑には，「この悲劇を繰り返すな。大地が揺れたらすぐ逃げろ。より遠くへ，より高台へ」と刻まれている（宮下，2012）。このフレーズは，本大震災による被害を最小限に食い止めたとして著名になった宮古市姉吉地区の記念碑に刻まれていた言葉—「此処より下に家を建てるな」—を思い起こさせる。数多く建設されたモニュメントには，東日本大震災の体験を，遠い未来にまで伝えようとする人びとの痛切な思いが込められている。

　この意味で，阪神・淡路大震災で，上述のモニュメントを含め多くのモニュメントが，「モニュメント交流ウォーク」という特別の活動と共に組織化され，モニュメントと特定の活動がリンクされている点は，大きな意味をもっている。「モニュメント交流ウォーク」のベースは，阪神・淡路大震災後，自治体，学校，地域自治会，個人（有志）が被災地に建てた多数のモニュメント（慰霊碑）を網羅的に記した地図（「震災モニュメントマップ」）である。そこには，

およそ230ものモニュメントが掲載されている（NPO法人阪神淡路大震災1.17希望の灯り・毎日新聞震災取材班, 2004）。

　当初は，それぞれの慰霊碑にゆかりのある人びとが，個々の慰霊碑を個別に訪れていた。しかし，やがて人びとは個別に訪問するのではなく，共に胸のうちを語りながらいくつかのモニュメントをめぐり歩くイベントを立ち上げた。これが，NPO法人阪神淡路大震災「1.17希望の灯り」によって主催されている「モニュメント交流ウォーク」である。現時点（2013年6月）までに50回以上開催されている。交流ウォークでは，毎回，訪問地区を変えながら各回5～6箇所のモニュメントを訪問する。参加者は，50～100名程度であり，男女はほぼ同数で年齢層も幅広い。参加者の多くは被災者（遺族）であるが，一般の参加者も加わっている。

　物語とは，まさに「物」について「語」ると綴るが，モニュメント（慰霊碑）を前に，あるいは，それをめぐり歩きながら参加者が物語る内容は，時事問題，仕事のことなど世間話に近いことを含めつつも，しかし，やはり最後は，被災当時の状況や喪った家族，失った生活のことになる。「モニュメント交流ウォーク」は，モニュメント（慰霊碑）も，前節で痕跡について指摘したのと同様，人びとによる語りや交流など，その他の方法と相補的に活用されてこそ，災害の記憶の保存や伝達に資することを教えてくれる。なお，災害のモニュメントの意味と課題については，今井（2001）に詳しい分析がある。

6　博物館

（1）災害の「博物館」とは何か？

　災害に関係した博物館も，もちろん，本章に言う「災害史」の保存と伝達と密接に関連するが，それが何かを定義することは，実際にはむずかしい。ただし，博物館が，本章で提起している分類軸に従えば，非言語を中心としながらも当然言語的な情報とも深く関わり，言語的／非言語的の分類軸については中間的な性質を帯びていること，ただし，意図的／非意図的の分類軸については，

ほぼ完全に意図的の極の方に位置づけうることはたしかである。その上で，災害の博物館を，以下のように位置づけておくことができるだろう。すなわち，災害を引き起こした自然現象のメカニズム，被害の状況，あるいは，被災からの復旧・復興のプロセスを理解しあとづけると共に，そのことを通して，犠牲者の慰霊，災害の記憶の保全，将来の防災・減災への貢献などを主目的として，（特定の）災害に関する諸資料や諸活動を，意図的かつ集中的に集積・組織化した施設——本章では，これを災害に関する博物館の暫定的な定義としておこう。

この定義に従えば，阪神・淡路大震災の場合，先述の「人と防災未来センター」や「北淡震災記念公園（野島断層保存館）」をその代表的事例として挙げておくことができる。なお，両博物館について，詳しくは，それぞれの施設のウェブサイトや，矢守（2009a），高野・渥美（2007），阪本・矢守（2010）などの論考を参照されたい。また，東日本大震災についても，たとえば，「311まるごとアーカイブス」（長坂，2012）や，仙台メディアテーク（2011）の「3がつ11にちをわすれないためにセンター」など，すでに各種資料の組織的な収集・保存・公開のための活動が，——すべてが博物館事業と銘打たれているわけではないが，それに準じるものとして——多数開始されている。

ただし，上の定義のうち，目的として示した項目（特に，将来の防災・減災への貢献の部分），および，「集中的に」という部分には，強い異論もあることは明記しておかねばならない。これは，「災害史」の媒体としての博物館が，上述の通り，意図性を強く帯びた方法であることがもたらす宿命でもある。つまり，どのような目的や意図のもとに，それを作り，また維持するのかが，常にきびしく問われるのである。たとえば，阪神・淡路大震災に限っても，たとえば，笠原・寺田（2009）は，記憶の「占有・共有」に代えて記憶の「分有」を重視する立場から（2節で触れた「集中か分散か」と関連），「人と防災未来センター」の展示や活動を批判的に検討し，新たな記憶表現論に基づくミュージアム構想を展開している。

その中で，笠原らは，あえて震災時には胎児であったか生まれてまもなかった子どもに，震災から10年後の時点で震災の記憶についてインタビューしたビ

デオ作品（「Die Kindheit in Kobe」）や，街全体（都市全体）を博物館（痕跡）と見立てた構想など，重要な試みについて紹介している。これらは，災害の「教訓」という言い方や経験者と非経験者を絶対的に区別する考え方への懸念，すべてが「防災・減災」へと回収されていくことへの違和感，教訓を提示しうるのはある種の公式の施設だけだとの発想への反発を提示するものである。

（2） その他の災害博物館

災害に関する博物館は，内外を問わず非常に多数存在する。そのすべてを網羅することはもちろん，主要なものを概観することも困難である。ここでは，本章の論点と関連すると思われるごく一部の事例について紹介するにとどめたい（第6章5節のサイエンス・ミュージアムに関する記述も参照されたい）。

最初に注目したいのが，関東大震災（1923年）に関する展示施設である「復興記念館」と，隣接する慰霊施設「東京都慰霊堂」である。まず，これらの施設が，よく知られた旧被服廠跡地（東京都墨田区）に存在することが重要である。本章に言う「痕跡」は，物理的実体として観察しうる対象に限定しているが，「痕跡」の概念をさらに拡大すれば，物理的対象だけでなく，時間（たとえば，1月17日の午前5時46分に）や，場所（たとえば，私たち家族はここで被災した）も，4節（2）項で述べた「到来する記憶」をもたらすことは，日常経験的にも明らかだろう。

さらに，高野（2010）の綿密な考証が示しているように，これら2つの施設の展示内容，意義づけが，防災，慰霊，展示（教化），（帝都）復興といった複数の要素の間で，第二次世界大戦を挟んで，今日に至るまで大きな「ゆらぎ」を見せてきたという歴史的事実そのものが，きわめて重要である。災害発生から約90年，開館から約80年を経た両施設の歴史と現状は，「人と防災未来センター」はじめ，阪神・淡路大震災後に建設された諸施設の今後，そして，東日本大震災をめぐって今後誕生するだろう博物館の行方を映す鏡でもあるからである。

次に注目したいのが，ジオパークの取り組みである（概要については，平野

（2008）などを参照）。ジオパークは，地質学的に見て重要な場所である地質遺産を複数含む，一種の自然公園とされているので，直接的には災害に関する博物館とは位置づけられず，むしろ「痕跡」と関連する。しかし，たとえば，国内では，雲仙普賢岳災害記念館（博物館）「がまだすドーム」などを含む島原半島や，「三松正夫記念館（昭和新山資料館）」などを含む洞爺湖・有珠山地域が，世界ジオパークに認定されるなど，ジオパークは，「痕跡」をベースにしつつも，実質的には「博物館」の一種，空間的に散開した博物館と考えることもできるだろう。

　最後に，災害に関連する博物館を取り上げた重要な論文を複数挙げて，本章で触れることができなかったいくつかの博物館を列挙しておこう。阪本・木村・松多・松岡・矢守（2009）は，地震の社会的記憶の語り継ぎについて論じる中で，「地震文化博物館」（トルコ，マルマラ地震（1999年）），「921地震教育園区」（台湾，集集地震（1999年））などに言及している。また，定池（2009；2010）は，災害文化とは何かについて論じる中で，上記の「洞爺湖有珠山ジオパーク」，「奥尻島津波館」（北海道奥尻島，北海道南西沖地震（1993年））の意味について論じている。さらに，矢守（2009a；2009b）は，「四川大地震建川博物館」（中国四川省，四川大地震（2008年））の特徴を，日中の災害復興過程の違いに言及しながら論じている。

　これらの論考を参照すると，それぞれの博物館における展示内容や運営方針が，当地あるいは当時の社会・文化的状況を色濃く映し出していることがよく了解できる。この事実は，本章1節で述べたように，博物館をその一部に含む「災害史」を支える諸手法が，けっして中立的かつ客観的たりえないことを明瞭に物語ってもいる。

〈文　献〉

　ベック，U.　東廉・伊藤美登里（訳）（1998）危険社会——新しい近代への道　法政大学出版局
　平川新（2012）東日本大震災と歴史の見方　歴史学研究会（編）　震災・核災害の

時代と歴史学　青木書店　pp. 2-21.

平野勇（2008）ジオパーク――地質遺産の活用・オンサイトツーリズムによる地域づくり　オーム社

今井信雄（2001）死と近代と記念行為――阪神・淡路大震災の「モニュメント」にみるリアリティ　社会学評論，**51**，412-429.

稲積かおり（2010）中山間地における潜在的減災力　京都大学大学院情報学研究科平成20年度修士論文

笠原一人・寺田匡宏（2009）記憶表現論　昭和堂

北原糸子（2006）日本災害史　吉川弘文館

クライン，N.　幾島幸子・村上由見子（訳）（2011）ショック・ドクトリン（上・下）――惨事便乗型資本主義の正体を暴く　岩波書店

宮下基幸（2012）平成から未来へ，「より遠くへ，より高台へ」藤森立男・矢守克也（編）　復興と支援の災害心理学　福村出版　p. 260.

茂呂雄二・有元典文・青山征彦・伊藤崇・香川修太・岡部大介（2012）状況と活動の心理学――コンセプト・方法・実践　新曜社

長坂俊成（2012）記憶と記録――311まるごとアーカイブス　岩波書店

NPO法人阪神淡路大震災1.17希望の灯り・毎日新聞震災取材班（2004）思い刻んで――震災10年のモニュメント　どりむ社

大澤真幸（2008）リスク社会再論　大澤真幸（著）　不可能性の時代　岩波書店　pp. 121-154.

定池祐季（2009）津波被災地における災害文化――北海道奥尻島を事例として　北海道大学大学院文学研究科研究論集，**9**，255-274.

定池祐季（2010）噴火常襲地における災害文化の形成と継承――有珠山周辺地域の壮瞥町を事例として　地域社会学年報，**22**，97-111.

阪本真由美・木村周平・松多信尚・松岡格・矢守克也（2009）地震の記憶とその語り継ぎに関する国際比較研究――トルコ・台湾・インドネシアの地域間比較から　京都大学防災研究所年報，**52B**，181-194.

阪本真由美・矢守克也（2010）自然災害の記憶の「場」としての博物館に関する一考察　自然災害科学，**29**，179-188.

佐々木正人（1996）想起のフィールド――現在のなかの過去　新曜社

仙台メディアテーク（2011）「3がつ11にちをわすれないためにセンター」ウェブサイト［http://recorder311.smt.jp/］

高野宏康（2010）「震災の記憶」の変遷と展示——復興記念館および東京都慰霊堂収蔵・関東大震災関連資料を中心に　神奈川大学日本常民文化研究所非文字資料研究センター　年報非文字資料研究, **6**, 37-75.

高野尚子・渥美公秀（2007）阪神・淡路大震災の語り部と聞き手の対話に関する一考察——対話の綻びをめぐって　実験社会心理学研究, **46**, 185-197.

都司嘉宣（2011）千年震災　ダイヤモンド社

山下文男（2009）隠された大震災——太平洋戦争秘録　東北大学出版会

矢守克也（2005）〈生活防災〉のすすめ（旧版）　ナカニシヤ出版

矢守克也（2009a）防災人間科学　東京大学出版会

矢守克也（2009b）2つの博物館に見る四川大地震——圧縮された災害マネジメントサイクル　日本社会心理学会第50回大会・日本グループ・ダイナミックス学会第56回大会合同大会（CD-ROM版発表論文集所収）

矢守克也（2010）アクションリサーチ——実践する人間科学　新曜社

矢守克也（2011）増補版：〈生活防災〉のすすめ——東日本大震災と日本社会　ナカニシヤ出版

湯浅誠（2011）復旧と復興——「生活」の連続性　世界, 2011年6月号, 122-127.

第8章

小説と災害
——〈選択〉と〈宿命〉をめぐって——

　本章では，小説に焦点をあてる。最終の7節で概観するように，災害を取り上げた小説は少なくない。取り上げ方は，もちろんさまざまである。たとえば，災害を引き起こす自然現象そのものや，災害に伴う人間・社会のリアクションの現実的な描写を中心に据えた小説が，いくつかある。実際に起きた災害や近い将来に想定される災害に想を得た，いわゆる「災害パニック小説」には，このようなタイプのものが多い。『日本沈没』（小松左京），『震災列島』（石黒耀〈あきら〉）などは，その代表例である。

　他方で，災害そのものが詳しく描かれるわけではないが，災害という特異な出来事を通して初めて明るみに出るような人間の本質や，人間と自然の関係性を深く掘り下げようという意図をもった小説も存在する。あるいは，災害情報を生成・普及することの意味に，狭義の災害情報学の枠内では完全に見逃されている側面からアプローチしている（と見なしうる）小説もある。

　もちろん，これら2つのタイプをきれいに分けることは困難である。実際には，両者の要素が渾然と混じりあっている小説が多い。本章では，どちらかと言えば後者の志向性を強くもっていると考えられる小説について，〈宿命〉と〈選択〉をキーワードとしながら，いくつか取り上げて考察を進めたい。

1　戸籍の〈選択〉——『砂の器』

（1）太平洋戦争と長崎大水害

　動かしがたい〈宿命〉（さだめ）と映るものが，この世にはいくつかある。

中でも，当人が，この世にいること（存在すること）は，まさに〈宿命〉である。ある男女を父母として，ある時ある場所でこの世に生を享けたこと，この〈宿命〉は当人には選びとることができない。

戸籍とは，この〈宿命〉を反映したものである。したがって，その後の人生が戸籍上でどのように展開していくかは別として，この根元のところは〈選択〉できない。しかし，小説はこうした大前提に挑戦することができる。つまり，大前提であるはずのことがそうでなかったとしたら何が起こるか。小説は，こうした思考実験を行うことができる。〈宿命〉であるはずの戸籍を〈選択〉できたとしたら…。

松本清張の『砂の器』（1961年，以下内容は，1973年刊行の文庫版による）では，主人公（本名：本浦秀夫）が，戦争による社会的混乱に乗じて，その後，彼がその人物として生きることになる和賀英良なる架空の人物を戸籍上に創作（〈選択〉）する。この本来〈宿命〉でしかないものを〈選択〉してしまった人間が，どのような人生をたどることになるのか。また，なぜそのような〈選択〉をしたのか。逆に言えば，なぜ〈宿命〉（戸籍）を拒否したのか。これが『砂の器』の主題である。

ここで，大澤（2005）がそうしているように，筆者も，この〈選択〉が可能となった背景として利用されている社会的事象が，松本清張の原作（1961年）と，この作品の2004年におけるドラマ版（主役の和賀は中居正広が演じた）との間で異なっていることに注目したい。原作で，戸籍の〈選択〉が可能になる理由は，先に触れたように，太平洋戦争（大規模な空襲による多数の死者と役場資料の焼失）である。ところが，ドラマ版では，それが，長崎大水害（1982年）に置き換えられている。これは，ドラマの時代設定の都合から来たもので，2004年で32歳との設定になっている主人公和賀が戸籍を〈選択〉可能なチャンスを日本社会の歴史の中に求めようとしたときに，長崎大水害が浮上したということであろう。

言いかえれば，戸籍―より一般には，その人がだれであるかという根本的なアイデンティティ―を〈選択〉するという無理をそれでも実現可能な事態を，現代の日本社会に探そうとすると，自然災害（それに伴う社会的混乱）くらい

しかない，ということである．現実の長崎大水害の被災地で，ドラマ版に描かれたようなことが可能であったどうかについては疑問符を付けることもできそうである．しかし，現在危惧されている大規模な海溝型地震と津波（南海トラフの巨大地震・津波など）が発生した場合，被害の広域性や津波被害の特性（大規模な物質流失と遺体の身元確認の困難など）から，戸籍の〈選択〉が現実に可能になるような事態が発生する可能性は十分にあると言えるだろう．

（2）　現実となってしまった思考実験——東日本大震災

　実は，上記の（1）項を含め，本章のベースとなる文章は，2011年1月に執筆したものである．その2ヶ月後に，想像を絶する巨大な地震が三陸沖を震源地として発生，東北地方を中心に太平洋沿岸を史上空前の巨大な津波が襲った．東日本大震災である．矢守（2011a）他にも記したように，筆者は，この大震災から大きなショック（防災・減災に向けた自分の取り組みの不徹底に対する反省）を受けたが，特に，読売新聞の記事（3月20日付）「南三陸町の戸籍データ消失，法務局保存分も水没」には非常に驚いた．わずか2ヶ月前に記したこと（上記）が，そのまま現実化してしまっていることを知ったからである．津久井（2012）によれば，実際には，法務局に残っていた戸籍の副本によって復元が可能となったものの，法務局に副本を届けるまでの時間に差があったので，南三陸町では，震災直前の約2ヶ月分について，出生，死亡，婚姻などの届け出情報が消失した，ということである．[1]

---

[1]『砂の器』については，もう一つ因縁がある．この小説は，何度も映画化，テレビドラマ化されているが，2011年，玉木宏主演による新ドラマ版が制作された．その放映予定日が，同年3月12日と13日であった．しかし，前日の巨大災害を受け放映は中止され，実際には，その半年後—ということは，東日本大震災発生から半年後—，2011年9月10日と11日に放映された．また，新ドラマ版のロケ地の一つ—犯人を追う刑事が方言に関するある謎を追って訪れる「国立国語研究所」として使用された建物—は，筆者が勤務する京都大学防災研究所阿武山観測所（第6章の図5を参照）であった．ちなみに，国立国語研究所の資料室（実際には観測所の図書室）で玉木の上司の刑事を演じる小林薫が手にしている古ぼけた書籍はすべて，実際には地震学の関連書である．

また、東日本大震災時の津波避難に関する多くの報告や体験記から明らかなように、津波から逃れるタイミングの数分、数秒の違い、あるいは、逃れた場所の高さの1メートルに満たない違いが、多くの人の生死を分けた。本章で、これから焦点を当てようとする〈選択〉と〈宿命〉について、まさかこのように過酷な形で再考せざるをえない出来事に出合うとは、旧稿の執筆時点では筆者は正直予期していなかった。読者におかれても、この大震災の被災地の至るところで起こり、現時点でも継続している残酷なまでの〈選択〉と悲しい〈宿命〉に想いを運びながら、本章を読み進めていただきたいと願っている。

2　選ばなかった心中──『東京・地震・たんぽぽ』

　豊島ミホの『東京・地震・たんぽぽ』（2007年、以下引用は、2010年刊行の文庫版による）は、東京を襲った大地震が人びとにもたらす「悲しみと明日への希望」（文庫版紹介文から）を描いた短編集である。その第一話に置かれているのが、「僕が選ばなかった心中、の話」（以下、『心中』）である。その冒頭が、「僕たちは毎日小さな選択をして生きている」（p. 8）という一文でスタートすることからもわかるように、この第一話の主題、さらに、短編集全体の主題の一つは、明らかに、〈選択〉である。

　『心中』の主人公（男子大学生）は、東京に、×日頃、大地震が来るらしいという噂（地学科の大学院の友人小山がもたらしてくれた、それなりに信憑性もありそうな情報）に基づいて、東京を一時的に離れて故郷に帰る。もっともそれは、「たまたま自分が噂を耳にし、たまたま逃げても差し支えない状況にあることを、生かしてみてもいいんじゃないか」（p. 12）という程度の軽い〈選択〉ではあった。「留年して五年生をやっている大学は、週三コマしか授業が入っていな」（p. 12）かったのだ。

　故郷で、彼は、小学生時代の同級生で、「僕の学年で一番きれいだった」（p. 8）加藤に出会う。彼女は、小学校3年のときに、帰宅途中、ちょっと寄り道をしていたらたまたま雨が降ってきたので急いで歩いていると、彼女と同様、

土砂降りに慌てて自転車を漕いできた高校生と衝突。顔に大きな傷跡ができた。それは,「あの時寄り道なんかしなければ—彼女自身を含め,誰もが思ったこと」(p.9)だった。しかし,十数年後,ベビーカーの我が子をあやしながら,加藤は,「私はもう,気にしていないよ」,「ずいぶん悩んだけど,ああいうのはもう,さだめだよ。そう思うことにしてる」,「ただ,そう思えるまでしばらくかかったけどね」(以上 p.17)と,翳りが薄くなった表情で言う。

そして,まさにこのとき,遠く離れた東京を大地震が襲っていた。「僕はマシなほうの選択をしたはずだ。それなのに,よかった,とは思えない。もしかしたら,ずいぶん長いこと後悔することになるのかもしれないとさえ思う」(p.18)。長い年月を経て,あの時寄り道しないという〈選択〉はありえなかった(「さだめだよ」)と思うことにしていると言う加藤と,災害情報によって〈選択〉をなしえたこと(「心中」せずに済んだこと)が,この先もたらす不幸を予感している主人公。正反対の方向を向いた,この二人が重なりあって,第一話『心中』は終わる。

3　防　災——〈宿命〉を〈選択〉に変換すること

自然災害による混乱を利用して〈宿命〉を〈選択〉する話(戸籍を捏造する話)も,災害情報(虫の知らせ?)に基づく〈選択〉によって大地震の難を免れる若者の話も,まさに小説の世界の話だと思われるかも知れない。しかし,抗いがたい〈宿命〉に映ることを〈選択〉可能なことへと変換する作業というのは,実は,防災業界の十八番であることに気づく必要がある。いや,より踏み込んで言えば,筆者がこれまで随所で論じてきたように(矢守,2005,2009a,2011bなど),防災研究を進めること,あるいは,災害情報を整備することの本質は,究極的には,この点—〈宿命〉の〈選択〉への変換—にあるとさえ言える。

たとえば,一定の確度をもった地震予測や予知情報が実現すれば(すでに,部分的に実現していると言えるが),被害が生じるかどうか,あるいは,被害に

遭うかどうかは，もはや自然のなりゆき——〈宿命〉——に支配されるというよりも，人間・社会の側の〈選択〉にかかってくる。「特定の地域に多額の予算を投入して建物の耐震化を行うか否か」（数十年単位の〈選択〉），「予知情報が発表されたとき，混乱や不便を覚悟で鉄道や道路交通を停止させるか否か」，あるいは，『心中』の主人公が直面したように「故郷に逃げてみるか否か」（数日単位の〈選択〉），そして，「緊急地震速報後の余裕時間の間に何をするか，あるいは，しないか」（数秒単位の〈選択〉），といった具合である。こういった〈選択〉は，防災研究が進歩してきたからこそ，また災害情報が充実してきたからこそ，まさに〈選択〉として私たちの前に現れているのであって，一昔前までは，すべて〈宿命〉であったはずだ。

また，〈宿命〉の〈選択〉への変換とは，「危険」の「リスク」への変換と言いかえることもできる（本書の第3章3節(3)項を参照）。すなわち，ルーマン（Luhmann, 2005）が設定した「危険 (danger)」と「リスク (risk)」の区別を踏まえて表現すれば，防災研究や実践は，これまで一貫して，人間・社会に損害を及ぼす存在のすべてを「危険」から「リスク」へと変換しようとしてきた，と言いかえることができる。なぜなら，「リスク」とは，「何事かを〈選択〉したときに，それに伴って生じると認知された——不確実な——損害」（大澤, 2008, p.129；〈　〉記号は引用者）のことだからである。あらゆるハザードは，それが〈宿命〉として現れている間は単なる「危険」であり，それが「リスク」になるのは，それに対する何らかの〈選択〉が可能な場合（可能なものとして現れている場合）のみである。

4　〈選択〉の不幸

災害に関するありとあらゆる〈宿命〉を〈選択〉に変換すること。これが自然災害科学や災害情報学が目標としてきたことである。通常，この目標の実現は，一点の曇りもなく望ましいことのように思われている。大雑把でも地震が発生すると予想される場所や時期がわかるからこそ，たとえば建物の耐震化を

効率的に，つまり，〈選択〉的に進めることができる。大雨や強風の情報が与えられるからこそ，事前の避難（という行動を〈選択〉すること）が可能となる。これらの〈選択〉によって，数え切れない人命が救われてきたし，これからも救われるであろう。それは，たしかである。

　しかし，あまりに自明なことと思えるからこそ，この目標の是非について立ち止まって考えてみる必要もあるのではないだろうか。ほんとうに，すべての〈宿命〉を〈選択〉へと変換することが望ましいのか，と。〈選択〉可能であることは，常に安全や安心を社会にもたらし，人びとを幸福にするのだろうか。〈選択〉可能である（と認知される）がゆえに生じる不安や不幸も，存在するのではないか（再び，第3章の議論，特に〈近代的な関係性〉が行き着く先について論じた第3章3節の議論を参照のこと）。

　実際，上で述べたように，ここで紹介した2つの小説は，〈選択〉の不幸を示唆している。『砂の器』の和賀の不幸は，むろん，彼が〈宿命〉と感じていたことの中味にも由来しているが，同時に，そこから逃れるべく，選ぶことのできない戸籍—〈宿命〉—を〈選択〉した（創作した）ことにも起因していた。また，故郷への避難を〈選択〉してしまった後，〈選択〉がもたらす不幸の予感に苛まれていた『心中』の主人公は，彼に地震の可能性を示唆してくれた友人の小山（しかし，彼自身は東京に残った）が地震による鉄道事故で亡くなった現場を，短編集の最終話で訪れることになる。

　しかも，これらも，単に，小説の中のお話なのではない。「なぜ，その日に限って自分だけ10分早く起きたのか」，「なぜ，もう一晩泊まっていったら，などと言ってしまったのか」，「なぜ，もっと丈夫な建物に引っ越しておかなかったのか」。多くの論者が指摘しているように，また筆者自身，阪神・淡路大震災の語り部の活動を題材に書いてきたように（矢守，2009b，2010a，2011c），被災者（特にご遺族）の苦しみの源泉は，むしろ，あれは〈選択〉できたかもしれないと思うことの方にある。第4章で述べた「津波てんでんこ」も同様である。この教えは，津波のときは，「みな，〈選択〉の余地なく，『てんでんこ』に逃げていいんだよ」という教えである。つまり，生き残った人びとに生じう

る〈選択〉の不幸—なぜ自分だけ逃げるという〈選択〉をしてしまったのかという自責の念—を軽減するための工夫でもあるのだ。

　〈選択〉とは，それに対して，「責任」を問えるということである。被災者（ご遺族）は，自ら，自己の責任を問うて苦しんでいるのである。近年，防災をめぐって，「自助・共助・公助」や「自己責任」がうるさく議論されるのも，同じ理由からである。防災をめぐる〈選択〉の余地が，ここに来て急増してきたからこそ，その〈選択〉とそれに伴う責任をだれに，あるいは，どこに帰責すべきか—個人か，地域社会か，行政か，はたまた研究者か—がやかましく議論されているのだ。

　だから，先に例示した諸々の〈選択〉は，裏返して言えば，〈選択〉の数だけ，それに対応する「責任」を，しかも，それまで問われることのなかった「責任」を，生産しているということでもある。よって，この動向は，同時に，所在が不明確な「責任」を多数生んだり，帰責のあり方をめぐる二次的な争いごとを生んだりしている。つまり，上で指摘したように，それが〈選択〉の余地のない〈宿命〉であればそれほど強く味わわずに済んだかもしれない苦しみや不幸を，かえって多く，被災者や第三者（研究者や救援者など）に与えることになる可能性も十分もっている。2つの小説は，〈選択〉がもたらした圧倒的なベネフィットの背面，つまり，影の部分にも目を向ける必要があることを私たちに教えている。

5　〈選択〉と〈宿命〉の捩れた関係

（1）〈選択〉と〈宿命〉の「クロスロード」

　これまで〈選択〉と〈宿命〉とを二分法的に対照させ，その上で，すべての〈宿命〉を〈選択〉へと変換させようとする防災研究や実践がもつ影の部分に注意を促してきた。しかし，そもそも，〈宿命〉と〈選択〉は，表と裏，光と影のようにきれいに区別できるわけではない。そこには，重層的な，あるいは，複雑に捩れた構造があると考えた方がよい。

第 8 章 小説と災害

　たとえば，筆者らが開発した「防災ゲーム：クロスロード」（矢守・吉川・網代，2005；吉川・矢守・杉浦，2009）を例にとって考えてみよう（第 1 章 6 節（2）項も参照）。このゲーム型の防災教育ツールについて，筆者自身，以下のように分析したことがある（矢守，2010b）。「クロスロード」は，阪神・淡路大震災を経験した人びとの体験談（実話）をベースに作成しているので，一見すると，災害時に当事者が現実に直面した〈選択〉（きびしい意思決定場面）を扱っているように見える。

　しかし，見逃してはならないのは，「クロスロード」の設問（たとえば，「危険を冒して立ち入り禁止となった庁舎に必要書類を取りに入るか否か—YES：入る，NO：入らない」）に含まれる 2 つの選択肢は，当時（災害時），当事者に対して存在していたというよりも，当事者が当時を振りかえる中で（典型的には，「クロスロード」作成のベースとなった事後のインタビュー調査のときにはじめて）現われているように見える，という点である。言いかえれば，きびしい〈選択〉に迫られていたという形式の体験語りが現時点で当事者から供されることは，直ちにそのまま，当時，当事者が実際に複数の選択肢の存在を意識し，それらのコスト・ベネフィットを比較考量して〈選択〉を行っていたことを必ずしも意味しない。

　この事実が，もっとも典型的に現われるのが，「あのときは，ああする他なかったと思っているが，今思い返すと，もっと別のやり方があったと思える部分もある」というタイプの回顧的な語りである。すなわち，当時においては，選択は〈選択〉たりえておらず，むしろ，「ああする他ない」もの—つまり，むしろ〈宿命〉に近いもの—としてとられた行為に，事後的に，新たな選択肢が付加されることによって〈選択〉としての体裁が整備されているように見えるのである。

　さらに，筆者は，最近，このことを証拠づける，さらに印象深いエピソードを耳にした。それは，上記の設問を「クロスロード」でプレーした，ある神戸市職員（大震災当時，住宅局勤務）が，震災から約 16 年を経た時点で，「クロスロード」を活用した研修会の席上で，多くの震災未体験者を前に，一人の経験者として語った話である。「私はあのとき書類を取りに入った一人です。でも，

181

それは無我夢中で取りに行きました。印象深かったのは，当時，取りに入った人とそうでなかった人がいたわけですが，両方の間に，なんで行くんや，反対に，どうして取りに行かないんや，といった相互批判がなかったことです。あれから何年も経って，こうして『クロスロード』をして，そう，たしかに，行く，行かないが問題［『クロスロード』の設問：引用者注］になるんだということをあらためて認識しました」。

　つまり，震災当時は，書類を取りに入った人もそうしなかった人も，あたかも，それが〈宿命〉（さだめ）であるかのようにそうしており（「無我夢中」），加えて，互いに互いの〈宿命〉を尊重している（相互批判なし）。YESとNOが同じ平面上で〈選択〉可能な2つの選択肢として浮上するのは，事後ないし第三者の視点に対してなのである（「あれから何年も経って…あらためて認識しました」）。

　要約すると，ここには，当事者に対しては〈宿命〉と映る事がらが，第三者（時を経た同一人や他者）には〈選択〉として現れるという捩れた関係が見いだされる。このことは，別の見方をすれば，事前の防災研修や教育を通じて，いくら〈選択〉の練習を重ねてみても，現実に災害に直面したときには，それらの多くは，〈宿命〉として受けとめる他ないような形で現れるかもしれないことを示唆している。

（2）〈選択〉を〈宿命〉として受容すること
　他方で，〈選択〉と〈宿命〉の間の捩れた関係に，希望の光を見いだすことも可能のように思える。前述の『東京・地震・たんぽぽ』のエンディングがそのことを暗示している。『心中』の彼が，自らの〈選択〉を可能にしてくれた友人小山の死を知ったことが読者にもわかる最終話（『いのりのはじまり』）は，彼でも小山でもない，また彼の幼なじみの加藤でもない，別の人物（綾香という女性）の視点から描かれている。綾香は，高校，大学と付き合っていた恋人優基を，東京の大地震で亡くす。地震が東京を襲った5月に先立つ3月，綾香は故郷に戻り，優基は大学院に進学するために東京に残ったからだ。綾香も，

〈選択〉(できたかもしれないこと)に苦しむ。「もし地震が来るとわかっていたら,わたしはなにがなんでも優基を田舎に連れて帰った。そうでなければ,わたしが東京に残って,なにがなんでも二人で生き残れるように準備した」(pp. 222-223)。

大地震から数ヶ月,綾香は,優基が好きだったケーキを手に,恋人が亡くなった現場を思い切って訪れる。そこで,綾香は,一人の若者(男性)がケーキの箱を献花台に差し出すのを目撃する。「それを見た瞬間,わたしは胸の底が燃えるようになるのを感じた。——自分が今まで死んだ優基から逃げてきたのがわかってしまって」(p. 228)。若者とは,むろん,『心中』の彼である。こうして地震で亡くなった小山優基をめぐって,彼と綾香という二人の人間が交錯する。あからさまに描かれるわけではないが,綾香の祈りと彼の祈りがシンクロする場面に希望を見いだして,この小説は終わる。それは,おそらく,この二人が,——顔に傷を負った加藤もそうであったように——〈選択〉を〈宿命〉として受容した瞬間なのである。『いのりのはじまり』という本話の表題が,それが〈選択〉でないことがもたらしてくれる希望を象徴しているだろう。

6 予言の本質——『真昼のプリニウス』

池澤夏樹の名作『真昼のプリニウス』(1989年,以下引用は,1993年刊行の文庫版による)は,7節でも触れるように,自然災害をモチーフとした小説としても高い評価を得ている(たとえば,寺田,2001)。この小説は,さまざまな読まれ方をされてきたし,そこから多様なインプリケーションを引き出すことができる。ここでは,本書のテーマである災害情報に関わる2つのことに焦点をあてたい。一つは,本書全体のテーマである災害情報一般に関わるもので,言葉による世界の記述(より特定化すれば,情報による災害の記述)という論点である。もう一つは,本章でテーマとしている〈選択〉と〈宿命〉に関わる論点である。この小説で重要な脇役を果たす占い(易)を媒介にして,ここでも,5節と同様,〈選択〉と〈宿命〉との間の捩れた関係から災害情報の本質が浮

かび上がってくる。

（1）　言葉による世界の記述──浅間山大噴火の手記

　『真昼のプリニウス』には，2種類の手紙が登場する。一つは，この小説の主人公である若手火山研究者芳村頼子が，かつて一緒に暮らし，今は遠く離れた土地にいる写真家の男性と交わす手紙である。もう一つは，頼子が，研究フィールドとしている浅間山がかつて天明期に起こした大噴火について，当時13歳だった少女が記したとされる手記「天明三年浅間山大噴火の記録──大笹村のハツ女の体験記」である。後者を手紙と称するのは不適切かもしれない。しかし，この手記を読んだ頼子とハツに，著者池澤が「架空の対話」（言葉のやりとり）をさせている点からも，また，この手記やハツとの対話が─かつての恋人と交わす手紙と同様─その後の頼子の行動に大きなインパクトを与えている点からも，ここではあえて手紙としておこう。

　2つの手紙が共に，時空間を大きく隔ててやりとりされている点が重要である。写真家の男性は，今は，メキシコにいて，しかもシティから遠く離れた遺跡の撮影のため長期遠征中である。ときにシティの局留めにしてやりとりされる手紙は月単位のタイムラグを伴ってしか交換されない。ハツの手記は，さらに遠く数百年の時を隔てて頼子に届けられた言葉である（なお，手記が，第7章でテーマとした「災害史」の一種であることにも注意しておこう）。頼子が暮らすこの世界と男性やハツが生きる世界との間には大きな隔たりがあって，両者を言葉で結びつけることの困難，言いかえれば，言葉による世界の記述の限界が，こうした設定に反映されている。

　要するに，時空間の隔たりを伴った言葉のやりとりは，この小説のメインテーマの一つであると同時に，災害情報─特に，「災害史」─にとってもきわめて重要な課題となる「言葉による世界の記述の困難」を象徴するモチーフとして登場しているのである。『真昼のプリニウス』には，（言語を介さずに）「世界そのものを見たい」（p. 227）という欲求が頼子のうちに沸いてくる伏線として，これら2つの手紙（遠くからの言葉）が置かれている。その上で，広

告業界に身を置き,「世界そのものなんて,ないんですよ。世界というのはそのまま神話なんです」(p. 227) と言い放つ言葉の軽業師のような男が頼子と対峙する,という構図になっている。

さて,頼子は,仕事の関係で出会ったハツの手記に感銘を受ける。それは,天明の大噴火を,「お山」(浅間山)の麓の村で間近で体験した一部始終を詳細に記述したものであった。「おハツさん,あなたがお書きになった手記を読ませていただきました。…(中略)…筆の力の前に,まずあの恐ろしい,世にも稀な体験をあなたがしっかり受け止めたということがあります。あなたは恐怖の底で身をすくめて目を閉じてしまうことなく,見るべきものをちゃんとご覧になった」(p. 172)。その上で,「架空の対話」の中で,頼子は,次のようにハツに問いかける。「実を言うと,あなたがどうしてこんなに生き生きとした記録が残せたのか,そこのところがわたしには今一つわからないのです。…(中略)…問題は体験と執筆の間にどうしてもあるはずの隙間をあなたがどのようにして埋めたか,そこのところなのですが」(pp. 173-174)。

この点について,ハツは,「それは怖かったから,いつまでもお山が怖かったから」(p. 177) と答える。「書かれた言葉,話された物語は手で扱うことができます。怖い体験そのものはただ一方的に受け取るだけで…(中略)…お山が鎮まるのを震えながら待っているほか人にはできることがありません」(p. 177)。ハツのこの言葉に「どうもありがとう。よくわかりました。わたしが聞きたかったのはまさにその言葉,その説明だったようです」(pp. 177-178) と応じた頼子は,自分が火山研究を通して生み出してきた科学の言葉(災害情報)も,ハツが紡ぎ出した言葉と,この点ではまったく変わりがないことに気づく。科学の言葉も民衆の言葉も共に,災害という得体の知れない対象を,何にせよ意味ある社会的表象として馴致するメカニズムであるという点ではまったく同じだからだ(矢守, 2010c, 2012;Yamori, 2013)。

しかし,より重要なこととして,頼子は次のことを発見する。いつの時代も,記録を残すのは生き延びた人であり,「恵みの元であると同時に恐怖の源泉である世界のザラザラした粗い表面に,人は言葉と物語をかぶせて凌ぎやすくし

て」(p. 178) いるに過ぎない。それにもかかわらず、「外の世界に背を向け、物語で構築した砦の中に入って互いの肌を暖めあっているだけの人間のふがいなさ」(p. 179) といったら――。頼子は、体験と執筆の間にある隙間（「最近では山が生きて見えないのです」(p. 194) という不全感）を正面から受けとめ、それにチャレンジし続けようとこころに決めるのであった。

（2）易の本質――〈選択〉の極点としての〈宿命〉

『真昼のプリニウス』で、もう一つ重要なモチーフとなっているのが、「偶然」という現象である。主人公頼子に拒絶されることになる広告業界の男が、彼女と接点をもったきっかけは、「シェヘラザード」と銘打ったランダムな物語のストックとでも称するべき電話サービス商品の開発であった。火山研究者である頼子にもそのネタ元の一人になってくれというのが男の口上であった。この商品のユーザーは、何のつながりもない無関係な物語のデータベースから、ランダムに選びとられたストーリーを、電話を通じて聞くことになる。偶然耳にしたその物語をスルーするもよし、何か運命的な示唆をそこに感じるもよし、というわけである。男は、さらに、この商品を一種の占いにすることを思い立ち、占いのプロフェッショナルを探す。そこで登場してくるのが、ハツと並んで、頼子に大きな影響を及ぼす神崎という男である。神崎は大きな薬品会社の社長だが、易に通暁した人物である。

頼子は、もともと、占いには、「未来が来る前に未来を知りたいという、いわば抜け駆けの功名をねらうような姿勢が不快」と感じていて、「自分だって天気予報は見るけれども、また噴火予知はほとんど仕事の一部だけれども、しかし個人としての運命までみたいとは思わない…（中略）…それを利用して事業を進めるのにはとても賛成できない」(pp. 139-140) と思っていた。これは、気鋭の科学者としては、ごく普通の感覚であろう。しかし他方で、頼子は、一つには、神崎が浅間山の噴火を予知していると耳にしたため（これは事実ではないことが後で判明する）、またもう一つには、かつての恋人やハツとのやりとりを通して、「このところ自分に関することが自分の意思や論理以外の要素で

決まるのが心地よく思える」(pp. 191-192) ようになっていたこともあって，神崎を訪ねてみようと思い立つ。

　頼子は，神崎から，易は決して予言ではなく，どんな場合でも人と物事との間に成り立つと指摘される。ここで，神崎（著者池澤夏樹）が提示する自然科学的な世界観の相対化の作業は，社会構成主義に基づく人間科学と論理実証主義に基づく自然科学との対照性を説く杉万（2006，2013）と，同型のものである。

　　「あんたたち科学者は，世界はそれ自体で勝手に存在していると思っておる。そうだろう？」
　　「勝手にと言いますと？」
　　「世界があっちの方にあって，自分はこっちにいて，ほれ，望遠鏡か何かで世界をのぞいて，それでものの動きがわかると，あんたたちはそう思っておる。…（中略）…いいかな，あっちに世界があって，こっちに人がいて，それから，この，人と世界の間で何かつきあいというか，交渉というか，それが起こるのではない。そうではないんだ。そこのところが違う。人があるから世界があると，こうは考えられんかな？　人の向く先に景色が生じ，草木が生え，お日さんが光る。易というのは，その生じかたを見てとる方法，遠い世界を望遠鏡で見るのではなくて，人の目の先をしっかり見てやる方法だよ。」(pp. 209-210)

　そして，神崎は，「来月のある日になって，たとえば九州のどこかで女が一人失恋するかどうか，それも今のわしにとってはどうでもいいことだ。その女がわしの目の前に来て，失恋しそうだけどどうすればいいのかと問うた時，その時初めてその女の問題はわしの問題になり，わしの易の対象になる」(pp. 210-211) と頼子を諭す。この発言からも，神崎が，浅間山噴火について，たとえば頼子という人間との接点を欠いた状態で，「あっちにある世界」に関する予言として発することは絶対にないことがわかる。未来が来る前に未来を知りたいという抜け駆けの功名をねらっているのは，むしろ，頼子（自然科学）

の方なのだ。

　ここで指摘されていることは，易というのは，遠い世界を外在的に観察者として観察する営為―ある対象（たとえば，この火山やあの人）は，将来，こうなる運命にありますなどと予言する営為―ではないということである。そうではなく，易は，観察されている当事者と同様にこちら側の世界に内在し，当事者として共に悩みながら生きるための営為，すなわち，杉万（2006）や矢守（2010d）の言う意味での「アクションリサーチ」に近い営為なのである。その上で，神崎は，易は，元来，一国の王の大きな悩みを扱うものだったと述べ，次のように説く。「[国家的難題に；引用者挿入]関わりを持つ者がそれぞれの立場で考え，論議を重ね，すべての可能性の筋を読み，迷う。そして最後の最後に，その熟慮の果てに，人間として考えを絞りに絞ったあげくに，二つに一つを選んで悔いないために，易が立てられる。筮竹を絶対に信じるという覚悟が全員にない限り易は立てられない［傍点は引用者］」（p. 212）。

　要するに，易―易において現れる予言―とは，世界に外在する者が第三者として与える客観的予想の如きものではなく，当事者としての内在的な〈選択〉の繰り返しの果てに，その究極点に現れる〈宿命〉（5節（2）項参照）なのである。よって，ここで，この「宿命」という言葉を，当事者の一人として（として認められるだけの活動を共にする中で）語るのか，第三者として語るのか，この違いは死活的に重要である。高橋（2012）が適切に指摘するように，津波の切先が生死を区切る線になってしまったとき，この区切りの意味（なぜ，他ならぬそこにラインが引かれてしまったのか）を一生考え抜く人もいるだろうし（第4章6節の議論を参照），そこに，「運命を見る人がいるかもしれない。だが，もしその人が傍観者としてその言葉を語るのであれば，当事者の心をえぐるむごい言葉となりうる」（高橋，2012，p. 74）。

　重要な点なので，再度繰り返すと，本論に言う〈宿命〉とは，第三者として外在的に，ある体験に運命を読みとること，それを運命だと判定することでは，けっしてない。そうではなく，『東京・地震・たんぽぽ』の主人公や加藤がそうであったように，また，上で神崎が頼子を諭しているように，自ら当事者の

一人となって全員の「覚悟」と共に引く筮竹(ぜいちく)，つまり，内在的な〈選択〉の果てにのみ見いだせるような〈宿命〉である。だから，〈宿命〉(という名の易)については，——一見，それは〈選択〉のようにも見えるが——その責任をだれにも帰属できない。と言うよりも，そもそも責任という言葉がそこには馴染まない。あえて責任を問うなら，そこに関わった当事者全員でそれを引き受けるということになろう。

(3)「想定」という予言

以上の考察は，目下，防災・減災の取り組みとして現実に進められている事がらとは無関係な，観念的なものと映るかもしれない。しかし，そうではない。特に，東日本大震災を経験し，首都直下型地震や南海トラフの巨大地震・津波を近い将来に見据えて，数多くの「想定」が社会に大きな影響を与えている現在の日本社会においては，『真昼のプリニウス』を，単に，火山災害や災害研究者が登場する小説(フィクション)として受けとって済ませているわけにはいかない。防災や減災をめぐって——さらに限定して災害情報をめぐって——，私たちが現在直面している大きな課題とその解決へ向けた方向性が，そこには描かれていると見るべきである。

このことの意味は，「想定」，特に，2012年8月末に公表された南海トラフの巨大地震・津波に関するあまりにも大きな被害想定が，この社会を生きる人びとにどのように受けとめられているのかを考えてみれば，ただちに了解できることである。場所によっては最大波高30メートルを超える津波が押し寄せる他，震度7の激震，大規模な火災その他によって，最悪のケースでは32万人を超える人びとが亡くなるとの苛烈な想定は，近藤・孫・宮本・谷澤・鈴木・矢守(2012)が適切に要約しているように，「諦めムード」(「ここまで厳しい想定が出たら，もはや手のほどこしようがない」，「どんな津波が来るかなんて，だれにもわからない。来たときは来たときだ」)，「疎外感ムード」(「専門家のみなさん，どうぞよろしくお願い致します」)など，必ずしも前向きとは言えないリアクションを社会に生んでいる。

これは，来るべき巨大災害が，しきりに，「未曾有の国難」，「国民的な取り組みが必要」と形容されながら，その実，それに備える活動においてもっとも肝心な人びと─犠牲になる可能性が高いと想定された人びと─にとっては，「想定」が「遠いあっちの世界から外在的に観察される営為」にしかなっていないためである。「どこかのえらい先生が，"私たちは次の大きな災害で死んでしまう運命にある"と予言しているらしい」というわけである。

　筆者の考えでは，この現状は，私たちが目指すべき理想的な状態から見て，まだ2段階下にある。つまり，現状から2段階のレベルアップが必要である。まず，神崎の言葉を借りれば，国家的難題（来るべき巨大災害はまさにそうである）に「関わりを持つ者がそれぞれの立場で考え，論議を重ね，すべての可能性の筋を読み，迷う」ことが必要である。ここで「関わりを持つ者」の中核が，災害研究者でもなければ行政職員でもなければ，他ならぬ「犠牲になる可能性が高い人びと」であるべきなのは，自明である。にもかかわらず，たとえば，巨大な津波に襲われると想定される地域に暮らす人びとが，「論議を重ね，すべての可能性の筋を読み，迷う」ための活動が，現在どの程度行われているか。現状は，大変心許ないと言わざるを得ない。まず，このステップアップ，すなわち，巨大災害対策をまっとうな〈選択〉にするという階段を昇る必要がある。なお，筆者ら（近藤ら（2012），孫・矢守・近藤・谷澤（2013）などを参照）が，高知県の太平洋岸の小さな集落で試行をはじめた津波避難のための「個別訓練：タイムトライアル」は，この目標の実現を目指した，非常にささやかな第一歩である（第4章7節も参照）。

　しかし，これまで述べてきたように，〈選択〉は完結されえない。よって，再び神崎の言葉を借りれば，次に，「最後の最後に，その熟慮の果てに，人間として考えを絞りに絞ったあげくに，二つに一つを選んで悔いないために，易が立てられる。筮竹を絶対に信じるという覚悟が全員にない限り易は立てられない」を実践して，もう一段のステップアップを遂げる必要がある。よもや誤解はないと思うが，もちろん，筆者は，最後の最後は易に頼ろうなどと示唆したいわけではない。

そうではなく，来るべき災害の体験のすべてを，〈選択〉（研究・言葉・情報）で埋め尽くせる，言いかえれば，すべての「想定外」を抹殺し尽くせると慢心するのではなく，尽くしきれない残余を関係者全員で引き受けようとの提案である。それは，〈選択〉に〈選択〉を重ねた結果を，だれにも帰責しない〈宿命〉として皆で生きていこうという決意である。この〈宿命〉は，世界がそれ自体勝手に存在しているとする前提（論理実証主義）に立って自分たちを観察する外在者から強制される予言という意味での「宿命」とはまったく異なる。当事者としての〈選択〉が何重にも重ねられた結果として，その極点にはじめて現れるほうの〈宿命〉である。

7　災害に関する小説——簡単な読書案内

　本章は「小説と災害」と銘打ったものの，これまで，特定の少数の小説だけに焦点を当てて議論してきた。そこで，最後に，災害を扱った他の小説について，ごく簡略なブックリスト風に記しておきたい。ただし，災害小説の全貌を総覧する力量など筆者にはまったくないので，ごく限られた紹介になることをお許し願いたい。

　自然災害を取り扱った小説については，大変便利で有益な参考資料がいくつかある。一つは，防災科学技術研究所自然災害情報室（2011）が行った「災害小説に関するアンケート」である。アンケートの項目として，40余りの作品が列挙されている他，これ以外に回答者が新たに指摘した災害関連小説も加えると，50余りの作品がリストアップされている。ちなみに，「よく読まれている作品」の上位10位まで（同点を含む）を挙げると，1位『日本沈没』（小松左京），2位『死都日本』（石黒耀），3位『震災列島』（石黒耀），4位『昼は雲の柱』（石黒耀），5位『崩れ』（幸田文），6位『真昼のプリニウス』（池澤夏樹），7位（2作品）『高熱隧道』（吉村昭），『火山に魅せられた男たち』（ディック・トンプソン），8位『関東大震災』（吉村昭），9位『泥流地帯』（三浦綾子），10位（4作品）『昭和新山』（新田次郎），『怒る富士』（新田次郎），『M8』（高嶋哲

夫),『日本沈没・第二部』(小松左京・谷甲州),となる。

　また,尾形(2008)は,雑誌『SABO』誌上に「文学に描かれる自然災害」という原稿を寄せている。その中で,上記の作品以外に,『行人』(夏目漱石),『武蔵野夫人』(大岡昇平),『百夜』(田山花袋)などを取り上げ,最後に,「私にとっての圧巻」として『細雪』(谷崎潤一郎)を挙げている。これらに共通するのは,自然災害が登場人物たちの人生を翻弄する様(まさに,〈宿命〉である)を描いていること,そして,それが,作者自身の〈宿命〉(現実的な体験)に由来する点であろう。たとえば,自身が和歌山県で台風に見舞われたアクシデント(1911年(明治44年))に想を得た夏目漱石の『行人』,関東大震災(1923年(大正12年))の状況をつぶさに描いた『東京震災記』でも知られる田山花袋の手になる『百夜』,そして,阪神大水害(1938年(昭和13年))を体験した谷崎潤一郎のルポルタージュという位置づけすらできそうな『細雪』。

　こうした作品を読むと,自然災害や防災の営みについて,ここで扱ってきた小説などの文学作品と,研究者が著した学術論文,ジャーナリストが書いた新聞記事やルポルタージュ,当事者の手記などとの間に,明確な一線を引くことは困難もしくは非生産的だということがわかる。そもそも,災害の記述・伝達媒体としての言語は,自然災害について記述・伝達する媒体としては,環境そのもの(たとえば,地割れなどの痕跡)や人工物(たとえば,モニュメントなど)といった非言語の媒体よりも歴史的に後出である。なおかつ,同じ言語媒体の中でも,学術論文は,ルポ(瓦版),手記,小説などよりもはるかに新しいメディアである(第7章も参照)。このことを踏まえて,小説と災害について考えないと,事の本質を見失い災害に関する小説は学術論文に登録された科学的知見の通俗的解説バージョンとして有効だ,といった浅薄な理解に陥ることになるだろう。

　また,6節の冒頭でも触れた寺田(2001)は,『真昼のプリニウス』を「人は世界とどう向き合うかをテーマにした小説である」と前向きに評している。これは,おそらく,この小説についてのみ該当することではない。災害に関する小説が人の心を動かすとすれば,また,小説が他の記述・伝達媒体に勝る点

があるとすれば,さらに,他のトピックスを扱った小説にはない特性が災害小説にあるとすれば,それは,まさに,自然災害が,人がふだん世界ととり結んでいる関係を根底から覆す存在だからである。「災害は体験者にとって,世界の亀裂のような時間である。その瞬間,それまで普通に流れているように感じられていた時間が突然とぎれ,何か原形質のような時間が出現するが,その裂け目は手を触れようとすると夕闇におおわれるように,また徐々に見えなくなっていく」(寺田,2001)。

寺田の言う「原形質のような時間」とは,筆者がここで使ってきた用語を用いて表現すれば,〈宿命〉と〈選択〉が交錯する時間のことである。このことを踏まえて,最後に,個人的な好みを書かせてもらえれば,筆者としては,本章で詳しく紹介したいくつかの作品やアンケートでトップテンに入った作品群に加えて,『つなみ』(パール・バック),『グスコーブドリの伝記』(宮沢賢治),『神の子どもたちはみな踊る』(村上春樹)などをここに追記した上で,このような時間の様相に肉薄した災害小説に一票を投じたいと思う。

〈文 献〉

防災科学技術研究所自然災害情報室(2011)災害小説に関するアンケート集計結果発表 自然災害情報室メールマガジン [http://dil.bosai.go.jp/cube/modules/pico/index.php?content_id=91]

池澤夏樹(1989)真昼のプリニウス 中央公論社(1993年,中公文庫)

吉川肇子・矢守克也・杉浦淳吉(2009)クロスロード・ネクスト──続:ゲームで学ぶリスク・コミュニケーション ナカニシヤ出版

近藤誠司・孫英英・宮本匠・谷澤亮也・鈴木進吾・矢守克也(2012)高知県興津地区における津波避難に関するアクション・リサーチ(2)──避難訓練の充実化を目指した"動画カルテ"の開発と展望 日本災害情報学会第14回研究発表大会予稿集 pp. 374-377.

Luhmann, N. (2005) *Risk: A sociological theory.* New Brunswick, N. J.: Transaction Publishers.

松本清張(1961)砂の器 光文社(1973年,新潮文庫)

尾形明子(2008)文学に描かれる自然災害 SABO, **93**, 26-32.

大澤真幸（2005）現実の向こう　春秋社

大澤真幸（2008）不可能性の時代　岩波書店

孫英英・矢守克也・近藤誠司・谷澤亮也（2013）実践共同体論に基づいた地域防災実践に関する考察——高知県四万十町興津地区を事例として　自然災害科学，**31**，217-232.

杉万俊夫（2006）コミュニティのグループ・ダイナミックス　京都大学学術出版会

杉万俊夫（2013）グループ・ダイナミックス入門　世界思想社

髙橋雅人（2012）人知を超えるものにいかにして向き合うか——津波・原発・哲学　直江清隆・越智貢（編）災害に向きあう（高校倫理からの哲学（別巻））岩波書店　pp. 73-91.

寺田匡宏（2001）人は火山に何をみるのか——池澤夏樹著『真昼のプリニウス』を読む　国立歴史民俗博物館開館20周年記念展示「ドキュメント災害史1703-2003——地震・噴火・津波，そして復興」展示通信「歴史・災害・人間」（第4号）［http://www.rekihaku.ac.jp/kenkyuu/katudoh/no4/terada.html］

豊島ミホ（2007）東京・地震・たんぽぽ　集英社（2010年，集英社文庫）

津久井進（2012）大災害と法　岩波書店

Yamori, K. (2013) A historical overview of earthquake perception in Japan: Fatalism, social reform, scientific control, and collaborative risk management. In T. Rossetto, H. Joffe & J. Adams (Eds.), *Cities at risk: Living with perils in the 21st century.* Dordrecht: Springer Verlag. pp. 73-91.

矢守克也（2005）防災とゲーミング　矢守克也・吉川肇子・網代剛（著）防災ゲームで学ぶリスク・コミュニケーション　ナカニシヤ出版　pp. 2-18.

矢守克也（2009a）「リスク社会」と防災人間科学　矢守克也（著）防災人間科学　東京大学出版会　pp. 19-36.

矢守克也（2009b）災害による喪失と支援　矢守克也（著）防災人間科学　東京大学出版会　pp. 161-180.

矢守克也（2010a）「語り直す」——4人の震災被災者が語る現在　矢守克也（著）アクションリサーチ——実践する人間科学　東京大学出版会　pp. 69-112.

矢守克也（2010b）語りとアクションリサーチ　矢守克也（著）アクションリサーチ——実践する人間科学　東京大学出版会　pp. 27-48.

矢守克也（2010c）〈環境〉の理論としての社会的表象理論　矢守克也（著）アクションリサーチ——実践する人間科学　東京大学出版会　pp. 211-230.

矢守克也（2010d）アクションリサーチとは何か　矢守克也（著）　アクションリサーチ——実践する人間科学　東京大学出版会　pp. 11-25.

矢守克也（2011a）増補版：〈生活防災〉のすすめ——東日本大震災と日本社会　ナカニシヤ出版

矢守克也（2011b）犯罪の自然災害化／自然災害の犯罪化　矢守克也（著）　増補版：〈生活防災〉のすすめ——東日本大震災と日本社会　ナカニシヤ出版　pp. 89-97.

矢守克也（2011c）喪失とトラウマ　矢守克也・渥美公秀（編著）　ワードマップ：防災・減災の人間科学　新曜社　pp. 132-136.

矢守克也（2012）天譴論　藤森立男・矢守克也（著）　復興と支援の災害心理学　福村出版　p. 279.

矢守克也・吉川肇子・網代剛（2005）ゲームで学ぶリスク・コミュニケーション——「クロスロード」への招待　ナカニシヤ出版

第9章

テレビの中の防災
——「一代の英雄」／「地上の星」／「ストイックな交歓者」——

1 テレビの中の防災／社会の中の防災

(1) マスメディアと災害情報に関する研究

　テレビを含むマスメディアと災害情報とは，切っても切れない縁にある。試みに，書籍や論文のデータベースをこの両語をキーワードとして検索すると，たちどころに非常に多くのアイテムがヒットしてくる。国内の，しかも比較的近年の単行本に絞って，その一部をリストしてみるだけでも，廣井（2004），山中（2005），田中・吉井（2007），関谷（2011），徳田（2011），福田（2012），遠藤（2012），平塚（2012）など，非常に多数にのぼる。

　これらの多くは，マスメディア上を流れる災害情報が，たとえば，防災意識の社会的醸成など災害に対する事前の準備，津波避難情報など緊急期の災害対応，あるいは，風評被害の軽減など復旧・復興期の減災活動に，どのような役割を果たすかについて検証・考察し，今後へ向けた現実的提言をなすものである。もちろん，こうした作業には，特に実践的な観点から重要な意義がある。NHKが災害対策基本法の定める指定公共機関になっているのをはじめ，テレビ・ラジオ・新聞などのマスメディアが，災害による被害の軽減，被災からの復旧・復興の後押しに重要な役割を果たしていることは疑いがない。なお，筆者自身も，こうした考えに立脚して，たとえば，チリ遠地津波や東日本大震災におけるNHKの緊急報道をめぐって，近藤・矢守・奥村・李（2012），近藤・矢守・奥村（2011）などの論考を世に問うたことがある。

（2） テレビの中の防災

　これに対して，本章に言う「テレビの中の防災」は，テレビに登場する狭義の災害情報という意味ではない。むしろ，「社会の中の防災」（矢守，2009a），つまり，この社会の中で，言いかえれば，他の諸々の社会的な活動の中で，防災という活動がどのように位置づけられ営まれているかを，テレビ番組で描かれた防災を手がかりとして考察しようという意味である。

　筆者は，かつて，「社会の中の防災」を直視した新しいタイプの防災研究を，人間・社会科学系の防災学として確立する必要性を訴え，それを「防災人間科学」という名称で総称した（矢守，2009a）。「防災人間科学」の役割は，何か。それは，与件的対象としての自然現象，および，人間・社会事象に関する知識・技術を獲得するだけでなく，社会システムの再帰性が増し，それにとっての与件的対象をシステム自らが生産していると多くの人びとが見なすような今日の「リスク社会」において，自ら（防災のための実践・研究）が果たしている役割を明確に位置づけることまでを視野に入れた防災学の確立である。

　すなわち，防災に関する真に知的で実践的な営みにとっては，災害現象や防災実践に関する知識・技術を開発し，それを現実の社会に適用して実際的成果を得るという，言ってみれば，本体部分の活動を進捗させるだけでは不十分である。それのみならず，自らが産み落とした知識・技術—その中には，防災に関する自然科学的研究が生産した知識・技術はもちろん，非自然科学的研究（防災心理学や災害社会学など）が生産した知識・技術も含まれる—を携えて，自然災害へと立ち向かっている今日の社会において自らが置かれている立場を再帰的に見つめる視線をもつ必要がある。

　その理由は，防災分野では，理論と実践（政策立案，実務執行，教育啓発など）との距離が他の研究分野に比べても非常に短く，その結果として，その成否—成功したのか失敗したのか—が一般の人びとにもクリアーな形で露見しやすいからである。防災に関する研究・実践は，良くも悪くも，一般社会からの迅速かつ強力な反応性を含み込んで展開される他ない。このことは，たとえば，東日本大震災を受けて見直され，新たに公表された南海トラフの巨大地震・津

波の規模や被害に関する想定（想定という名の災害情報）が，実際に災害が発生する前から，社会に大きな影響を与えている事実一つをとっても，すぐにわかることである（第8章6節（3）項も参照）。防災研究が自らを再帰的に見返す回路を特に必要とするゆえんである。

ところが，従来の非自然科学系防災研究のほとんどは，自然科学系防災研究と同一平面に立って，単にその研究対象を自然現象から人間・社会の活動にシフトさせるのみで，ここで論じている種類の再帰的で自省的な営みには，不幸なことにまったく無関心であった。防災人間科学には，この意味での再帰的な機能を担うだけの十分包括的かつ統一的な理論配備が求められている。それは，単に，防災に関する人間・社会の「あれやこれや」に関する部分的な個別理論の集成であっては，けっしてならない。

こうした視点に立って，筆者は，これまで，「防災人間科学」の全容について素描すると共に（矢守，2009a），本書のテーマである災害情報に関連する分野についても，いくつかの具体的な研究を進めてきた。たとえば，「正常化の偏見」（正常性バイアス）の概念の再検討（矢守，2009b），ダブル・バインド論（メタ・メッセージ論）に依拠した災害情報観の抜本的な見直し（第1章），「安全・安心」概念の相対化（第3章），さらに，「想定」という形式をとった災害情報が普及することのパラドックス（逆説的な効果）（第8章6節（3）項）など，である。本章で試みる考察も，こうした一連の理論的かつ実践的な作業の一部をなすもので，テレビ番組に描かれた防災像を資料として，「社会の中の防災」にアプローチしたものである。

2　「社会の中の防災」の3つの様相

まず，本章のアウトラインを，一覧表の形で示しておくのが便利であろう（表1）。本章では，3つのテレビ番組，すなわち，「その時歴史が動いた」，「プロジェクトX」，「プロフェッショナル」（いずれもNHK制作）を取り上げる。前節で強調したように，本章は，これらの番組において，事前情報，緊急

第Ⅲ部　災害情報の多様性

表1　「社会の中の防災」の3つの様相

	「一代の英雄」の防災	「地上の星」の防災	「ストイックな交歓者」の防災
番組名	「その時歴史が動いた」	「プロジェクトX」	「プロフェッショナル」
防災に関わる人びと	一代の英雄と下々の者たち	組織の中の「地上の星」とそれを支える家族	ストイックな交歓者とその信奉者
名セリフ	「人間のドラマ，それが歴史だ」	「地上にある星をだれも覚えていない」	「ずっと探していた理想の自分～あと一歩だけ，前に進もう」
主人公の生き様	天下（藩・村）のため	組織（企業・家族）のため	自分のため
フィットする社会・時代	封建社会～近代化以前期（貧しい社会）	近代社会～高度経済成長期（豊かになりつつある時代）	ポスト経済成長期（「豊かな時代」）
主なターゲット	農林漁業村～水と土	都市～構造物	人間や情報
大澤～杉万の規範論に従えば	集権身体（英雄）が〈規範〉を担っている，集団主義	影響範囲が特定の組織内にとどまるマイルドに抽象化された〈規範〉が活躍，マイルドな個人主義	〈規範〉の抽象性が上がる動き（ストイック）と，「溶け合う身体」での規範の再構成へと回帰する動き（交歓者）が混在

情報，復旧・復興情報といった狭義の災害情報がどのように登場するかに関心を寄せるものではない。そうではなく，これら3つの番組は，「社会の中の防災」の異なる3つのあり方を，それぞれ典型的に表現する素材として取り上げられている。

　本章では，「社会の中の防災」を，防災に関わる人びと―正確には人びとの間の関係性―に基づいて，3つの様相に大別することを提案する。3つの様相を象徴するフレーズは，「一代の英雄」，「地上の星」，「ストイックな交歓者」である。上記の関係性に注目して正確に表現するならば，それぞれ，「一代の英雄と下々の者たち」，「組織の中の『地上の星』とそれを支える家族」，「ストイックな交歓者とその信奉者」と称することができる。筆者の考えでは，これら3つの「社会の中の防災」の様相は，上記3つのテレビ番組の基本コンセプトと非常によく一致している。そのことは，表1に示したように，各番組のシンボルともなった「名セリフ」や，防災の「主人公」の生き様にもよく現れている。

また，3つの様相は，表1の「フィットする社会・時代」の欄に示したように，おおよそ，上記の順序で（日本）社会に登場してきたと見ることができる。しかし，必ずしも，旧いものが新しく登場したものによって完全に置き換えられるといった単純な時間発展の経過をたどってはいない。複数の様相が，ある時点ある場所で混在している場合も多々見られる。また，「主なターゲット」，すなわち，当該の社会において，防災が何の制御や克服を主たる目標として据えているのかも，この時間経過と概ね連動して変化してきたと考えることができる。

最後に，これらの様相の生成やその時間発展の過程は，社会学，および，グループ・ダイナミックスの領域で，大澤（1990）が提起し，それを踏まえて杉万（2006，2013）が独自に展開させている規範の生成論とも整合的である。災害，とりわけ，突発的な巨大災害は，どのような社会にあっても，それまでの規範と秩序に対して深刻で根本的な打撃を与える出来事である。3.11以降，特に注目を集めた「災害ユートピア」論（ソルニット，2010）を引き合いに出すまでもなく，「社会の中の防災」が規範論と密接な接点をもつゆえんである。本章では，随所で，この点についても言及することにしたい。

3　「その時歴史が動いた」——「一代の英雄」の防災

（1）治世＝治水

「その時歴史が動いた」は，主に，歴史上の著名人物（英雄）を取り上げ，歴史の転換点ともなったその人物の決断の瞬間に焦点をあてたNHK制作の歴史情報番組である。放映は，2000年3月から2009年3月まで，放送回数は355回にのぼった。番組は，多くの場合，司会進行にあたった松平定知氏の導入の言葉，「人間のドラマ，それが歴史だという人がいます。その人間ドラマの決定的瞬間，決断の時，決行の時，人は何を考え，どう動いたのか，この番組はその決定的瞬間を取り上げる…」で始まり，「そして皆さん，いよいよ今日のその時がやってまいります…。今夜もご覧頂きありがとうございました」の決

第Ⅲ部　災害情報の多様性

表2　「その時歴史が動いた」が取り上げた防災事業（例）

- 「武田信玄　地を拓き水を治める〜戦国時代制覇への夢〜」（2004年9月1日放送）：
  英雄は，武田信玄。小国をわずか30年で戦国屈指の強国に育て上げた信玄の基盤は，若き日に情熱を傾けた国造りに。その中核に，金山開発などと並んでそれまで氾濫を繰り返してきた河川の治水事業。著名なものとして山梨県甲斐市竜王にある霞堤（信玄堤）の建設など。初回放送日は，「防災の日」。

- 「百世の安堵をはかれ〜安政大地震・奇跡の復興劇〜」（2005年1月12日放送）：
  英雄は，濱口梧陵。1854年，安政の東南海地震・南海地震が発生。緊急時には見事な避難誘導（今日に伝わる「稲むらの火」の物語の原型）。その後は，農漁業復興へ向けた農漁具の貸与，失業者を津波防波堤（広村堤防）建設にあて賃金を支払うなど，一石二鳥の災害復興・防災施策を推進。初回放送日は，2004年末のインド洋大津波の直後。

- 「二宮金次郎　天保の大飢饉を救う」（2005年9月14日放送）：
  英雄は，二宮金次郎。洪水と冷害がきっかけとなった天保大飢饉（1833-1837年）に襲われた貧村が舞台。勤勉の精神の普及・徹底。新たに開墾した田畑の減税。事前に冷害を予測してヒエ栽培を奨励。防災と地域づくりの両輪関係を描く。

- 「富士山大噴火〜幕府・復興への闘い〜」（2008年1月30日放送）：
  英雄は，徳川吉宗と田中休愚。1707年（宝永4年），富士山大噴火。最大3メートルの火山灰。小田原藩酒匂川でも降灰の影響で川底が上がり大雨のたびに氾濫。吉宗は，元名主で地方立て直しの名手として知られた田中休愚と共に酒匂川治水事業を実行。

- 「天明の飢饉，江戸を脅かす〜鬼平・長谷川平蔵の無宿人対策〜」（2008年2月6日放送）：
  英雄は，鬼平こと長谷川平蔵。1790年（寛政2年），無宿人たちの授産・更生施設「人足寄場」における人びとの生活再建，職業訓練の支援。岩木山，浅間山の噴火を伴う天明の飢饉（1783年）が，その背景に。

め台詞でエンディングを迎えるという構成をとっていた。

　ここでまず注目しておきたい単純な事実は，番組の中で，今日であれば，防災事業と称されるだろう活動がしばしば取り上げられたことである。表2に例示したように，その人物の主要な業績そのものが，他ならぬ防災事業である場合も多いが，番組の中で折に触れて紹介されるエピソードにも，防災に関わるものは多い。たとえば，直江兼続を取り上げた回（2009年1月7日放送）は，「戦国にかかげた"愛"〜北の関ヶ原　直江兼続の決断〜」と題され，兼続の人物像全般に焦点をあてた内容であったが，番組のエンディングでは直江石堤（松川／最上川の治水）が特に印象的なエピソードとして紹介されていた。また，「民を救った義士たちの物語〜宝暦の治水・薩摩藩士の苦闘〜」（2005年6月1日放送）は，巨大普請事業の強要によって有力外様大名の弱体化をねらった幕府と薩摩藩とのせめぎ合いがメインテーマであった。しかし，その舞台と

焦点は，御三家筆頭尾張家のお膝元の木曾・長良・揖斐三川合流地帯における治水事業であった。

「水（あるいは，土）を制するものは天下を征する」の言葉通り，近代化以前の貧しい時代においては，水・土のコントロール，すなわち，田畑（農林漁業）のコントロールが，そのまま天下のコントロールに直結していた。だから，今なら防災と呼ばれるだろう営みは，今日にもその名を残す一代の英雄たちが，下々の者たちを動員して，治水すなわち治世（天下）のための一大事業として実行した。一代の英雄たちの「人間のドラマ」が，そのまま防災の実質を形作っていたと言いかえてもよい。そして，英雄の号令一下，貧しい（薩摩）藩士たちは藩のために，さらに下々の者は塗炭の苦しみを味わいながらも，ある場合には自分や家族の身を守るために，また別の場合には村のために，土を掘り，また土を盛ったのである。

（2） 災害＝規範の崩壊＝英雄への天譴

大澤（1990）や杉万（2006, 2013）の規範論（社会学的身体論）に従えば，「一代の英雄」による防災とは，社会に暮らす人びとの認識や行動を規定する規範が，特定の可視的で具体的な身体，すなわち，ここで言う「一代の英雄」の身体と二重写しにされている様相（「集権身体」の様相）における防災のことである。ここで，規範には，2つの種類がある点に注意を促しておこう。一つは，何が是か非か，何をなすべきか，逆になさざるべきかを指定する「べし規範」，あるいは「価値的規範」と呼ばれる規範である。もう一つは，すべての対象（人であれ，ものであれ）について，それが何であるかを指定する「である規範」，あるいは「認知的規範」である。日常用語としての規範は，「べし規範」に近い意味で使用されるが，事実の認識もまた，「である規範」という規範に従った結果であることに注意する必要がある（詳しくは，上記の文献を参照）。具体例を挙げれば，この様相では，たとえば，眼前の水の奔流がけっして神の怒りの表出などではなく，人の力で抑えられる事象「である」ことについても（「である規範」），よって，臣下こぞって即刻普請事業にあたる「べき」

ことについても（「べし規範」），「一代の英雄」その人が，規範を社会に供給する主体として君臨している。

　しかし，ここで，留意すべきは，英雄の権力や名声がいかに大きくとも，規範が可視的で具体的な英雄の身体を凝固点として担われている場合には，その影響力は，時間的にも空間的にも無限大へと普遍化することはない，という点である（英雄が生身の人間である以上，その死角は常に存在する）。「その時歴史が動いた」が，多くの場合，英雄たちの死（墓，辞世の句など）とともにクロージングされるのは，集権身体としての英雄が発する規範の効力の時空的な有限性を示唆するものである。「皆さん，いよいよ今日のその時がやってまいります…」という松平氏の名調子で頂点を迎える英雄たちの人生（すなわち，彼らの防災事業）も，その死とともに幕を下ろすことになる。

　なお，「その時歴史が動いた」では明示的に取り上げられることはなかったが，災害に関する天譴論も，ここでの議論と深い関わりがあるので，最後に一言触れておこう。天譴論は，関東大震災以降は，人びとの奢侈や贅沢な生活に対する天の戒めとして災害を受けとる思想とされることも多い（矢守，2012）。しかし，廣井（1986）が指摘しているように，儒教に基づくその思想は奈良時代にまでさかのぼることができ，その原義は，災害（地震）を，「王道に背いた為政者に対する天の警告」（p. 12）と見なす考えのことであった。

　ここで為政者を，治世を司る一代の英雄に置きかえれば，これまでの議論との接点が見えてくる。すなわち，上天の意思に基づいて行われるべき王道（治世）は，それ自体，一つの規範（秩序）の閉じた体系である。地が広く拓かれ水がよく治められていること，言いかえれば，「一代の英雄」による防災が滞りなく進捗していることは，そのまま，すなわち，規範の体系が順調に維持されていることに他ならない。しかし，時として，災害は起こる。災害は―特に，遠い過去にも幾度も社会を襲ったにちがいない激烈な風水害や巨大地震・津波など，甚大な被害を社会にもたらす災害は―，言うまでもなく，規範（秩序）の根底的崩壊と受けとられたであろう。ここに，規範の崩壊たる災害が，規範の準拠点たる英雄そのものの崩壊，すなわち，天による為政者に対する譴責―

為政者失格の烙印——と同一視される理由がある。

4 「プロジェクトX」——「地上の星」の防災

(1) 懐かしき高度経済成長

「プロジェクトX～挑戦者たち～」は，主として高度経済成長期の日本を支えたさまざまな開発プロジェクト（土木・建設，医療など）が，直面する難問・難題をどのように克服し，成功へと至ったかに焦点を当てたドキュメンタリー番組である。放映は，2000年3月から2005年12月まで，放送回数は191回であった。

「プロジェクトX」が，理工学系の技術開発とその産業的成功によって支えられた高度経済成長期の日本社会を，それが終わった時点（すなわち，「安定成長」，あるいは，「バブル後」という名の停滞期）から，往時を懐かしみながら回顧するスタンスを濃厚にもった番組であることについては，大方の賛同が得られるであろう。実際，番組のチーフプロデューサーは，著書の中で，次のように記している。「日本の戦後は，数千万のプロジェクトのドラマの歴史であり，そこに身を投じた無名の人たちが懸命に…（中略）…敗戦により，文化や科学技術が根絶やしになるほど壊滅的な打撃を受け，日本人が絶望の前に立ち尽くしたのはわずか半世紀前のことです」（今井, 2004, p. 11）。

加えて，このように回顧される高度経済成長期が，防災にとって，特にハードウェアの急速な充実を通した「花形の時代」であったことを指摘しておこう。ソフト対策の重要性が声高に叫ばれる今日にあっても，防災や減災のベースは依然，防潮堤，治水ダム，耐震工法など，防災のためのハードウェアを支える理工学系の理論と技術である（たとえば，筆者が勤務する防災研究所のスタッフの95％は，ハード系の専門家であり，ソフト系は筆者を含め5％にも満たない）。まして，「プロジェクトX」が焦点をあてている高度経済成長期は，こうした傾向が今日よりもはるかに強かった。

そして，実際，このハード中心の防災は，日本社会で，目を見張る成果をあ

第Ⅲ部　災害情報の多様性

図1　「土木のプロジェクトを支えた戦士たち」のポスター
（出所）　土木学会中部支部（2003）

げた。Yamori（2007）で指摘したことであるが，1945年の終戦から50年目にあたる1995年（阪神・淡路大震災が起こる直前）までの半世紀を，1970年（大阪万博が開催された年）を境に前半の25年間と後半の25年間に2分割すると，前半の25年間は，自然災害による死者は合計で約4万人，後半の25年間は約5,000人である。年平均にすると前半1,600人に対して，後半200人である。この桁違いの改善を生んだ原動力が，「プロジェクトX」によって次々にこの世にもたらされた防災ハードウェアであった。このことは，こうしたハード施設が不十分な社会（たとえば，アジア，アフリカなどの開発途上国）では，ハザードそのものの破壊力が小さい災害でも，日本社会よりもはるかに大きな犠牲者を現在でも出している事実からも，明らかである。

　しかし，1995年の阪神・淡路大震災が，こうした流れにブレーキをかける出来事となった。それに引き続いて起こったいくつかの災害を経て，2011年の東日本大震災も，この流れを後押しした。地球環境問題や地域の景観問題などへの社会的関心の高まりともリンクする形で，いわゆる「理科離れ」や「土木嫌い」も進んだ（岩田，1999）。こうした時代的趨勢の中，ハード中心の防災に対する風当たりも強くなった。そんな中，高度経済成長期を振り返りながら，「古きよき時代よ，再び」との気持ちを代弁してくれる番組として「プロジェクトX」が位置づけられることになった。単純明快なケースを一つだけ挙げれば，たとえば，土木学会は，2003年，土木技術や土木事業の社会的重要性をPRすることを意図したイベントとして，「土木の日シンポジウム——土木のプロジェクトを支えた戦士たち」を開催している。ゲストには，「プロジェクトX」の司会を担当した国井雅比古氏を招き，同番組を学会会場で実際に視聴している（図1）。

（2）「地上の星」によるプロジェクトとしての防災

　「プロジェクトX」でも，防災と直接間接に関連するプロジェクトやテーマが，相当数取り上げられている。主なものを表3に掲げた。象徴的なのは，記念すべき第1回の放送（2000年3月28日）が，「巨大台風から日本を守れ——富

第Ⅲ部　災害情報の多様性

表3　「プロジェクトＸ」で描かれた防災事業（例）

- 「巨大台風から日本を守れ——富士山頂・男たちは命をかけた」（第1回；2000年3月28日放送）
  富士山レーダー建設，日本の気象災害防災の最前線基地
- 「友の死を越えて——青函トンネル・24年の大工事」（第3回；2000年4月11日放送）
  青函トンネル建設，トンネル建設の引き金は台風による洞爺丸事故
- 「全島一万人史上最大の脱出作戦——三原山噴火・13時間のドラマ」（第10回；2000年5月30日放送）
  全島の避難オペレーション，文字通り，火山噴火防災がテーマ
- 「霞ヶ関ビル，超高層への果てしなき戦い」（第52回；2001年5月15日放送）
  当時の最先端超高層ビル霞ヶ関ビルの建設，耐震化がテーマの一つ
- 「命の川，暴れ川を制圧せよ」（第88回；2002年5月22日放送）
  プロジェクトは，愛知用水建設，文字通り，河川防災がテーマ

士山頂・男たちは命をかけた」（富士山レーダー・三菱電機）だという事実である。この回の主役，富士山レーダーは，言うまでもなく，日本の気象災害防災の最前線基地となってきた施設である。

　ここで重要なことは，「その時歴史が動いた」における「一代の英雄」による防災とは対照的に，高度経済成長期の防災は，企業や自治体組織によって担われており，その事実が，まさに「プロジェクト」という形式にあらわれている点である。そして，「プロジェクト」を担っていたのが，同場組の主題歌として中島みゆきが歌った「地上の星」たち（名もなき組織人たち）であった。

　　風の中のすばる
　　砂の中の銀河
　　みんな何処へ行った　見送られることもなく
　　草原のペガサス
　　街角のヴィーナス
　　みんな何処へ行った　見守られることもなく
　　地上にある星を誰も覚えていない
　　人は空ばかり見てる
　　つばめよ高い空から教えてよ　地上の星を

つばめよ地上の星は今　何処にあるのだろう
地上の星
作詞　中島 みゆき　　作曲　中島 みゆき
© 2000 by YAMAHA MUSIC PUBLISHING, INC.&NHK Publishing, Inc.
All Rights Reserved. International Copyright Secured.

　「地上の星」たちは，一代の英雄とは異なり，プロジェクトの渦中にあっては，「組織のため」に身を捧げ，多くの人に「見守られることもなく」，また，通常，「誰も覚えていない」。「地上の星」たちは，「プロジェクトX」という番組に登場してはじめて，「地上の星」でなくなる。多くの視聴者が番組を通して初めて，たとえば，「青函トンネルって，この人（たち）が造ったんだ」との印象をもつことで—。

　なお，次の事実を付記しておくと，時代の変遷を印象的に感じとれるかもしれない。高度経済成長期に急速に進んだ防災ハード事業を支えた「地上の星」たちの一部が，今，アジア，アフリカなどの開発途上国で活躍しているという事実である。たとえば，筆者は，2009年，ある防災プロジェクトでインドネシアを訪問した際，JICA（国際協力機構）の事業の一環として，当地で砂防ダムの建設（その指導）にあたっているゼネコンOBの方に多数出会った。その多くは，団塊の世代（1947〜49年生）か，その上の世代に属している。この世代は，高度経済成長期とバブル期を「猛烈社員」として過ごし，経済成長の終焉とともにリタイアを迎えた世代である。

　後出の「プロフェッショナル」との比較対照上，もう一つ銘記しておきたいのが，「プロジェクトX」のナレーション（田口トモロヲ氏担当）に頻出する「男たちは…した」というフレーズの意味である（このフレーズは，表3の通り，第1回放送の表題にも入っている）。このフレーズは，番組中何度も繰り返されることを通して，また番組構成上の工夫を通して，「男たち」だけではなく，逆にむしろ，「男たち」を支えた女たちや家族の存在をハイライトする役割を担っている。すなわち，企業・行政組織でプロジェクトに生涯を捧げる「男たち」が「地上の星」であったとすれば，それを支えた女たちや家族は，二重の

意味で「地上の星」だったのである。日本社会（高度経済成長）を支えた「誰も覚えていない地上の星」を，さらにその下から支えた「地上の星」である。

さて，見田（2007）は，NHK放送文化研究所が30年以上にわたって実施した「現代日本人の意識調査」の結果を総括している。その中で，1973年から2003年までの30年間（「豊かになりつつある時代」から「豊かな時代」へ完全に移行した時期にあたる）に起こった最大の変化として，〈近代家父長制家族〉とそれを支えるジェンダー関係の崩壊をあげている。「父親は仕事に力を注ぎ，母親は任された家庭をしっかりと守っている」タイプの家庭，すなわち，「プロジェクトX」を支えてきたタイプの家庭を理想とする若者（20〜29歳）は，1973年の40％から2003年には6％へと激減する。誤解のないように付言すると，1973年には，20代の若者ですら40％がこのタイプの家庭を支持しているのであって，より上の年齢層の支持率はこれよりもはるかに高い。

こうした社会調査のデータにあらわれたトレンドと，テレビ番組などに描かれた典型的なケース（事例）とは，それぞれ，見田（1979）や大澤（2009）の言う「平均値」（現象の平均的なあらわれ）と，「平均値に近い事例においては，曖昧なままに潜在化したり，中途半端な現れ方をしたり，相殺し合ったりしている諸要因がより鮮明な形で顕在化している」（見田，1979，p. 160）ところの「極限値」として位置づけることができる（矢守，2013）。「プロジェクトX」における「男たち（と女たち）」の像は，高度経済成長期（における防災）を支えた家庭観や男女の役割観がもっとも鮮烈な形で—つまり，「極限値」として—あらわれたものなのだ。さらに，東日本大震災後に特に顕在化してきた「女性と災害」（たとえば，避難所の運営など，これまでとかく男性中心であった防災・減災のための営みに，もっと女性の視点を採り入れようとする運動）という視点（竹信・赤石，2012）は，「プロジェクトX」に象徴されるタイプの「社会の中の防災」が，今まさに変化しつつあることを示しているとも言えよう。

(3) 「夢」の共有と継承，そして限界

「プロジェクトX」のエンディングテーマ「ヘッドライト・テールライト」

に，次のような一節がある。

　　行く先を照らすのは
　　まだ咲かぬ見果てぬ夢
　　遙か後ろを照らすのは
　　あどけない夢
　　ヘッドライト・テールライト　旅はまだ終らない
　　ヘッドライト・テールライト　旅はまだ終らない
　　ヘッドライト・テールライト
　　作詞　中島 みゆき　　作曲　中島 みゆき
　　© 2000 by YAMAHA MUSIC PUBLISHING, INC.&NHK Publishing, Inc.
　　All Rights Reserved. International Copyright Secured.

　ここに描かれているように，英雄による一世一代の大事業としての防災とは異なり，「プロジェクト」としての防災は，それを支える「夢」という形式で，組織（企業や行政体）や家庭の中で，一定の時間的・空間的普遍化をとげる。言いかえれば，英雄の目の届く範囲でのみ有効というステージを越えて，「夢」として世代を越えて共有され継承されていく。この意味での「夢」―つまり，何を目指すべきかを指示する規範としての夢―の共有と継承は，「地上の星」を支配する規範が，先に触れた英雄を頂点とする規範よりも普遍性が高いことを示している。しかし同時に，その規範が，「地上の星」たちが所属する組織を越えて，あるいは，その個別の家族を越えて妥当するほどの強力な普遍性まではもちえていないことも示唆されている。なぜなら，（1）項で示したように，「プロジェクトX」は，ポスト高度経済成長の時代から，もはや失われたものとしての「あの頃」を懐かしく回顧しているのだから。

　さて，杉万（2010）は，現代の日本社会には，①「集団主義」から「マイルドな個人主義」へと向かうトレンド（典型的には，保守的，閉鎖的と形容されるような伝統的共同体から，職場（会社）や家庭でのつかず離れずという適度な濃さの人間関係へと向かうトレンド），②「マイルドな個人主義」から「本格的な個

人主義」へと向かうトレンド（典型的には，高度に抽象化された規範である理念・理想・思想によって駆動される厳格な個人主義へ向かうトレンド），③「マイルドな個人主義」から，杉万の言う「溶け合う身体」へと回帰するトレンド（たとえば，職場や家庭でのマイルドな個人主義を（あえて）棚上げして被災地の修羅場に駆けつけ，その時そこにいた人たちにしか体験できない〈濃い共通体験〉を求めるトレンド），の3つが共存していることを指摘している。その上で，今後20年程度の近未来を見通すとき，③のトレンドが急速に主流になるであろうこと，そして，この③のトレンドと②のトレンドとを混同してはならないこと—平易に言えば，マイルドな個人主義（別言すれば，マイルドな集団主義でもある）が減退すること（たとえば，会社へのコミットメントが低下する若者）を「個人主義化している」と見誤ってはならないこと—を強調している。

　この整理を，ここでの議論に接続すれば，次のように整理できよう。まず，①のトレンドは，その時代性から言って正確には対応しないが，概ね，「一代の英雄」の防災から「地上の星」たちによる防災への移行に相当する。そして，②のトレンドと③のトレンドが，「プロジェクトX」が描き出した「地上の星」による防災の今後を占う素材を提供してくれている。この両者のトレンドの融合として登場した新しいタイプの「社会の中の防災」を象徴しているのが，次節で取り上げる「プロフェッショナル」である。

5　「プロフェッショナル」——「ストイックな交歓者」の防災

（1）　防災が不在であることの意味

　「プロフェッショナル〜仕事の流儀〜」は，番組系譜的には，「プロジェクトX」の後継番組である。放送開始は2006年1月，現時点（2013年6月の本章執筆時点）まで，司会や進行形態を含めた番組構成の変更を伴いながら，合計205回放送されている。内容は，ある仕事に情熱を傾ける「プロフェッショナル」にスポットライトを当て，その仕事ぶりや信念などを紹介するものである。

　すぐにわかる特徴は，登場するプロフェッショナルの多くが芸術家，研究者，

自営業者などで，組織人が少ないことである。具体的には，写真家，棋士，板前（シェフ），漫画家，スポーツ選手，花火師，漁師など，「その時歴史が動いた」や「プロジェクトX」では取り上げにくいタイプの人びとが登場する。また，形式的にはどこかの組織に所属する人であっても，医師，看護師，介護の専門家，弁護士，デザイナーなど，個人としてのパフォーマンスがより重要な意味をもつと想定しうるケースが多い。

「プロフェッショナル」では，「そのとき歴史が動いた」や「プロジェクトX」とは異なり，防災に関わるテーマがほとんど取り上げられないことが，大きな特徴となっている。あえて関連するテーマを探しても，せいぜい，「冷静に，心を燃やす」（海上保安官特殊救難隊長・寺門嘉之；第31回（2006年11月2日放送）），「隊長は背中で指揮をとる」（東京消防庁第6方面本部消防救助機動部隊長・消防司令補・宮本和敏；第83回（2008年4月8日放送））くらいである。しかも，両者とも災害時の救援活動（どちらかと言えば，防災のソフトウェア）に関する内容で，先に分析した2つの番組がいずれも，防災に関するハード施設を，英雄による一世一代の大事業，あるいは，地上の星たちのプロジェクトとして取り上げていたのとは，非常に好対照である。

もう一つの大きな特徴は，当初，番組の進行役であった茂木健一郎氏（脳科学）が，「プロフェッショナル」の「極意」なるものを，「ひらめき」，「プレッシャー克服」，「モチベーションアップ」などをキーワードに，「（通俗）心理学化」して位置づけていた点である（たとえば，茂木・NHK「プロフェッショナル」制作班，2009）。「（通俗）心理学化」とは，要するに，プロフェッショナルたちのパフォーマンスの秘密はその個人的特性にあり，かつ，その特性は，だれにでも，トレーニング次第で修得可能なものと見なされていることを示している。この特徴は，同じ「極意」を，英雄の個人限りの，常人にはとても獲得しえない特殊な人格・資質として提起することがもっぱらであった「その時歴史が動いた」や，「極意」を企業風土や組織人としての倫理や態度と連結する傾向が強かった「プロジェクトX」と対比して理解することができる。

ここで，「プロフェッショナル」に，防災と直接関連する人物，あるいは，

トピックスがほとんど登場しないという事実は，それ自体，「社会の中の防災」を探る本章にとって重要な示唆を含んでいる。たしかに，「その時歴史が動いた」の防災像はともかく，「プロジェクトX」の防災像は，現在も日本社会で相当のプレゼンスがあると言えるだろう。しかし，大勢としては，日本の防災業界（産官学民すべてを含む）は，ポスト高度経済成長期の日本社会において，自らが占めるべきポジションの発見に苦労しているのである。このことが，「プロフェッショナル」における防災の不在に象徴的に表れていると言える。前節で示唆したように，阪神・淡路大震災，東日本大震災を経て，「地上の星」たちが生涯を賭けて成し遂げようとする「プロジェクト」を中核とする防災は，「社会の中の防災」としては，明らかに転換点を迎えている。ポスト阪神・淡路，ポスト3.11の防災は，どのような方向に向かうのか。

（2） ストイックな交歓者

　ここで，その方向性について，「プロフェッショナル」に登場する人物の多くが「ストイックな交歓者」と称することができそうな特性をもっている点を通して考えてみよう。「ストイックな交歓者」というあり方は，本番組の主題歌で，スガシカオが歌う「Progress」の中によく表現されている。

　　ぼくらは位置について　横一列でスタートをきった
　　つまずいている　あいつのことを見て
　　本当はシメシメと思っていた
　　誰かを許せたり　大切な人を守れたり
　　いまだ何一つ　サマになっていやしない
　　相変わらず　あの日のダメな　ぼく

　　ずっと探していた　理想の自分って
　　もうちょっとカッコよかったけれど
　　ぼくが歩いてきた　日々と道のりを
　　ほんとは"ジブン"っていうらしい

世界中にあふれているため息と
君とぼくの甘酸っぱい挫折に捧ぐ・・・
"あと一歩だけ，前に　進もう"
　……（中略）……
ねぇ　ぼくらがユメ見たのって
誰かと同じ色の未来じゃない
誰も知らない世界へ向かっていく勇気を
"ミライ"っていうらしい

Progress
作詞　スガ シカオ　　作曲　スガ シカオ
JASRAC　出1308503-301

　ここに濃厚に表れているのは，天下のためでも組織のためでもなく，他ならぬこの自分のためという志向性である。もっとも，それは手前勝手な自己主張というニュアンスではない。むしろ，自ら設定した規範（「理想の自分」）に合致する自分をストイックに追求する姿勢であり（「ずっと探していた理想の自分」），その実現へ向けた覚悟（「あと一歩だけ，前に　進もう」，「誰も知らない世界へ向かっていく勇気」）である。この理念に裏打ちされた本格的な個人主義と，「プロジェクト」に関わる組織人（「男たち」），および，それを支える者たち（「女たち」）の間での「夢」の共有と継承を歌った「地上の星」におけるマイルドな個人主義（先述の通り，マイルドな集団主義でもある）とは，まったく対照的である。

　このことは，「地上の星」たちが巨大な「プロジェクト」において示した組織人としての仕事ぶりと，先に列挙した職業人たちの個人的なパフォーマンスを対比すれば明らかである。たとえば，防災に関係する事例として例示した2例についても，「冷静に，心を燃やす」（海上保安官），「隊長は背中で指揮をとる」（消防救助機動部隊）というタイトルに端的に表れているように，「プロフェッショナル」（に象徴されるような「社会の中の防災」）で焦点があてられるのは，救援組織の「プロジェクト」ではなく，あくまでも，主役となる人物が

仕事において示す個別のプロフェッショナリティであり，個人のパフォーマンスである（だからこそ，先述のように，彼らの「ひらめき」，「プレッシャー克服」，「モチベーションアップ」が問題になる）。

　さらに，重要なことは，これらの人物が，「ストイック」と「交歓者」との２面性をもっている点である。まず，「ストイック」とは，彼らがその影響下にある規範が，「プロジェクトX」の様相（組織や家庭で共有・継承される「夢」）よりも，さらに強力に普遍化していく方向性（つまり，4節(3)項の②のトレンド）に対応している。「プロフェッショナル」の自分らしさは個人的なもので，「地上の星」の組織の「夢」の方が高い普遍性をもっていると考えるのは，明確な誤解である。特定の規範（自分が信じた道）に，いつでもどこでも――まさに普遍的に――従うこと，すなわち，だれが何と言おうと（英雄が何を命じようと，組織人としての常識や道理を持ちだされようと），個人の主義・主張を透徹する態度こそが「ストイック」ということである。英雄の影響力のもとでのみ，あるいは，ある特定の組織人である限りにおいて規範に従うことは，普遍性においてより不徹底である。

　他方，「交歓者」は，プロフェッショナルたちがストイックなまでに従っている規範が，「溶け合う身体」の方向へ回帰し始めている側面に対応している。4節(3)項の分類で言えば，③のトレンドである。防災の領域から平易な例を出せば，たまたま出会った特定の被災者たちを，自らが全身全霊を込めて生涯をかけてストイックに支援すべき対象として扱う災害ボランティア，あるいは，ひょんなことから関わることになった特定の集落の津波防災力の向上活動に相当のエネルギーを投入しているように見える研究者（のことを別段不思議とは思わない人びと）は，このような側面をもっていると言うことができる。これらの交歓者たちは，それぞれの職場や家庭でのマイルドな個人主義（マイルドな集団主義）に自足せず，それぞれの現場で，その時そこにいる人たちにしか体験できない〈濃い共通体験〉――同じことに泣き笑い喜び怒り，交歓しながら共にコトを進めること――に喜びを感じ価値を見いだしているように見える。

　ここで，「ストイックな交歓者」を，大澤（2008）が分析的に抽出した意味

でのオタクの性質─社会風俗としてのオタク一般の表層的特徴ではなく─と重ね合わせて考えて見ることが有効である。「オタクは，狭く，特殊な事柄にしか関心を向けていない，と批判される。しかし，その特殊な領域を通じて，包括的な普遍性が分節されているのである。真に欲望されているのは，普遍性である。普遍性が，そのまったき反対物として現象することで，直接の欲望の対象となること，このことこそが，オタクの神秘の核心ではないか」（p. 94）。

　このことを踏まえると，たとえば，阪神・淡路大震災，そして，東日本大震災へと至る今日の日本社会における災害ボランティアの代表的存在の一人で，ここで言う「ストイックな交歓者」の一人と見なしうる村井雅清さん（CODE海外災害援助市民センター）のよく知られた言葉の真意を，理解することができる。村井さんは，著書などの中で，しばしば，「たった一人を大切に」，「最後の一人まで救う」と述べている（村井，2011）。ここで言われている「一人」を，文字通り，全体の中の一人と考えると，たとえば，「被災者は無数にいるんだから，『最後の一人』どころか，大多数の被災者には手が届いていないではないか」という反論も生じよう。上で例示した地域防災の事例でも，「無数にある集落のうちのたった一つで取り組んでも意味がないではないか。しかも，その集落と他の集落は諸々の条件において異なっている以上，その成果を普遍化することはできないのではないか」。こういった批判が容易に想定される。

　しかし，こうした反応は，「ストイックな交歓者」がもつ「オタク」としての性質を看過した表層的な批判である。交歓者がたまたま出会った一人あるいは一集落との，それ自体は限定的・特殊的な領域において展開される〈濃い共通体験〉と，通常は，それとはまったく遠く離れたところにあると見なされている理想や思想（高度に抽象化した規範，つまり，「ストイック」さ）とが，直接に通底している様相がありうることを，「オタク」は示唆しているのである。それはちょうど，何ごとにおいても，十二分に深められた細部は，単なる部分であることを超えて世界全体の本質を映し出す鏡として機能するのと同様の，写像関係である。

以上を踏まえた筆者の予想では，今後の日本社会では，おそらく，「地上の星」の防災を，その不可欠のベースとしながらも，そこに「ストイックな交歓者」による防災が割り込む形で，防災実践が進められていくだろう。その意味で，「プロフェッショナル」に防災関係者が続々と登場する日も近いのではないだろうか。[1]

〈文　献〉

　土木学会中部支部（2003）土木のプロジェクトを支えた戦士たち――土木の日シンポジウム　[http://www.jsce-chubu.jp/gyoji/03sinpo_po12.pdf]

　遠藤薫（2012）メディアは大震災・原発事故をどう語ったか――報道・ネット・ドキュメンタリーを検証する　東京電機大学出版局

　福田充（2012）大震災とメディア――東日本大震災の教訓　北樹出版

　平塚千尋（2012）新版：災害情報とメディア　リベルタ出版

　廣井脩（1986）災害と日本人　時事通信社

　廣井脩（2004）災害情報と社会心理　北樹出版

　今井彰（2004）プロジェクトX――リーダーたちの言葉　文春文庫

　岩田弘三（1999）理工系人材養成をめぐる問題――理工系離れ，科学技術離れ，理科離れ　中山茂・後藤邦夫・吉岡斉（編）　通史・日本の科学技術5-Ⅱ　国際期1980-1995　学陽書房　pp. 586-599.

　近藤誠司・矢守克也・奥村与志弘（2011）メディア・イベントとしての2010年チリ地震津波――NHKテレビの災害報道を題材にした一考察　災害情報, 9, 60-71.

　近藤誠司・矢守克也・奥村与志弘・李旉昕（2012）東日本大震災の津波来襲時にお

（1）本章のベースとなる論考（矢守, 2009c）で，筆者は，次のような予想を記した。すなわち，大学在学中，東洋医学を学ぶ傍ら，山岳少数民族の支援活動に加わり，たまたま居合わせた四川大地震の被災地の村での支援活動を現在も継続中の吉椿雅道さん（CODE海外災害援助市民センター）が，「プロフェッショナル」の出演にもっとも近い位置にいる防災関係者であろう，と。現時点では，吉椿さんは「プロフェッショナル」に登場していない。しかし，2010年1月17日，阪神・淡路大震災から15年目にあたる日に，同氏をフィーチャーした番組「私たちはそばにいる〜神戸発災害ボランティア　四川に挑む〜」が，NHK「BS特集」として放映された。

ける社会的なリアリティの構築過程に関する一考察――NHK の緊急報道を題材とした内容分析　災害情報, **10**, 77-90.

見田宗介（1979）社会意識分析の方法　見田宗介（著）　現代社会の社会意識　弘文堂　pp. 122-180.

見田宗介（2007）近代の矛盾の「解凍」――脱高度成長期の精神変容　思想, **1002**, 76-90.

茂木健一郎・NHK「プロフェッショナル」制作班（2009）プロフェッショナルたちの脳活用法　NHK 出版

村井雅清（2011）災害ボランティアの心構え　ソフトバンククリエイティブ

大澤真幸（1990）身体の比較社会学 I　勁草書房

大澤真幸（2008）不可能性の時代　岩波書店

大澤真幸（2009）解説　見田宗介（著）　まなざしの地獄　河出書房新社　pp. 99-122.

関谷直也（2011）風評被害――そのメカニズムを考える　光文社新書

ソルニット, R.　高月園子（訳）（2010）災害ユートピア――なぜそのとき特別な共同体が立ち上がるのか　亜紀書房

杉万俊夫（2006）コミュニティのグループ・ダイナミックス　京都大学学術出版会

杉万俊夫（2010）「集団主義―個人主義」をめぐる 3 つのトレンドと現代日本社会　集団力学, **27**, 17-32.

杉万俊夫（2013）グループ・ダイナミックス入門　世界思想社

竹信三恵子・赤石千衣子（2012）災害支援に女性の視点を！　岩波ブックレット

田中淳・吉井博明（2007）災害情報論入門　弘文堂

徳田雄洋（2011）震災と情報――あのとき何が伝わったか　岩波新書

山中茂樹（2005）震災とメディア――復興報道の視点　世界思想社

Yamori, K. (2007) Disaster risk sense in Japan and gaming approach to risk communication. *International Journal of Mass Emergencies and Disasters*, **25**, 101-131.

矢守克也（2009a）「リスク社会」と防災人間科学　矢守克也（著）　防災人間科学　東京大学出版会　pp. 19-36.

矢守克也（2009b）「正常化の偏見」を再考する　矢守克也（著）　防災人間科学　東京大学出版会　pp. 103-129.

矢守克也（2009c）テレビの中の防災――その時歴史が動いた／プロジェクト X／

第Ⅲ部　災害情報の多様性

　　　プロフェッショナル　日本社会心理学会第50回大会・日本グループ・ダイナミックス学会第56回大会合同大会（CD-ROM 版論文集所収）
　矢守克也（2012）天譴論　藤森立男・矢守克也（著）　復興と支援の災害心理学　福村出版　p. 279.
　矢守克也（2013）社会実践のパラダイム　やまだようこ・麻生武・サトウタツヤ・秋田喜代美・能智正博・矢守克也（編）　質的心理学ハンドブック　新曜社　pp. 487-504.

あ と が き

　本書は，2005年に，筆者が最初の著作を出版して以降，ちょうど10冊目の本になる。

　2005年は，「阪神・淡路大震災」を引き起こした地震の発生から10年目にあたる年であった。その後も相次いだ数々の地震災害，風水害，土砂災害，そして，「東日本大震災」――この10年弱の間に，日本社会は，災害情報の不足や欠落によって生じる問題だけでなく，いや，むしろそれ以上に，災害情報が充実してきたがゆえに，かえって災害情報によって解消しようとしていた当の問題（たとえば，早期の自主的な避難が実現しないこと）の解決が遅れるという「パラドックス」（逆説）に悩まされてきた。

　現在，日本社会は，南海トラフの巨大地震，あるいは首都圏直下で発生する地震など，これまでにない規模の巨大災害に見舞われる危険と背中合わせの状況にある。たしかに，「想定」（という災害情報）が災害リスクを正しくとらえきれていなかったために大きな被害に見舞われることはある。たとえば，「東日本大震災」にそのような側面があることは事実である。しかし他方で，（巨大過ぎる）「想定」そのものがリスクとして機能してしまう危険も存在する。本書でたびたび使用した，災害リスク・コミュニケーションの「パラドックス」という言葉には，この点に対する警戒の念が込められている。

　このようなわけで，『巨大災害のリスク・コミュニケーション』という書名にも，実は，2つの意味を含みもたせている。まず第1に，災害リスクに関するコミュニケーションという通常の意味がある。同時に第2に，コミュニケーションというものに付随する大きなリスクという意味も重ね合わされている。ささやかな小著ではあるが，この点にご留意いただきながら，本書を読み進めて（あるいは，読み返して）いただければ幸いである。

　最後になったが，本書で言及した数々の研究や実践においてパートナーと

なってくださったすべてのみなさま，および，本書のために基礎資料や写真や図版などをご提供いただいた方々に心よりお礼を申し上げたい。特に，第5章のベースとなる論文の共著者である牛山素行さん（静岡大学）には，本書への転載を快くお許しいただいた。また，編集にあたっては，ミネルヴァ書房の吉岡昌俊さんに大変お世話になった。感謝の気持ちをお伝えしたい。

なお，本書を構成する各章には，まったく新たに書き下ろしたもの，学術雑誌に公表した既刊の拙稿に加筆したもの，あるいは，学会や講演会における発表のために準備した原稿を大幅に再編したものなど，さまざまなものがある。この点に関する情報を，以下に，「初出一覧」として集約しておく。

【初出一覧】

序　章　災害リスク・コミュニケーションのパラドックス…書き下ろし

第1章　災害情報のダブル・バインド…「災害情報のダブル・バインド」（『災害情報』7巻, pp.28-33, 2009年刊行）に加筆

第2章　参加を促す災害情報――マニュアル・マップ・正統的周辺参加…「災害情報と防災教育」（『災害情報』8巻, pp.1-6, 2010年刊行）をベースに大幅に改編・加筆

第3章　「安全・安心」と災害情報――「天災は安心した頃にやって来る」…「災害の経験を伝える――忘れないために」（京都大学防災研究所平成22年度公開講座, 2010年）における講演内容をベースに執筆

第4章　「津波てんでんこ」の4つの意味――重層的な災害情報…「津波てんでんこの4つの意味」（『自然災害科学』31巻, pp.35-46, 2012年刊行）に加筆

第5章　「自然と社会」を分ける災害情報――神戸市都賀川災害…「神戸市都賀川災害に見られる諸課題――自然と社会の交絡」（牛山素行氏との共著）（『災害情報』7巻, pp.114-123, 2009年刊行）に加筆

第6章　みんなで作る災害情報――「満点計画学習プログラム」…一般誌などに発表した原稿に大幅に加筆し再編

あとがき

第7章 「あのとき」を伝える災害情報——生活習慣・痕跡・モニュメント・博物館…書き下ろし。一部，一般誌などに発表した原稿に加筆

第8章 小説と災害——〈選択〉と〈宿命〉をめぐって…「災害と文学——〈宿命〉と〈選択〉をめぐって」(『災害情報』9巻, pp. 28-32, 2011年刊行) を大幅に改編・加筆

第9章 テレビの中の防災——「一代の英雄」／「地上の星」／「ストイックな交歓者」…「テレビの中の防災——その時歴史が動いた／プロジェクトＸ／プロフェッショナル」(日本社会心理学会第50回大会・日本グループ・ダイナミックス学会第56回大会合同大会, 2009年) における発表内容をベースに執筆

2013年6月

矢守　克也

索　引

あ行
アーティファクト　3, 24, 33, 44, 52, 54, 140, 141
アイデンティティ　50, 51
アウトリーチ　141-143
アクションリサーチ　188
阿武山観測所　142, 143, 175
雨プロジェクト　44, 139
安全・安心　4, 43, 64, 65, 68-70, 73, 74, 199
一代の英雄　8, 197, 200, 201, 203, 204, 212
意図的／非意図的　7, 154-156, 167
ウェザーリポーター　45, 46, 49

か行
外化　67, 68, 71, 74
可視化　3, 32-36, 43
釜石の奇跡　21, 82, 86, 91, 98
客観的な災害情報観　4, 22, 23, 43, 99
cura（気遣い）　43, 67, 69-72, 75
共助　5, 20, 71, 89, 98, 180
行政・専門家依存　4, 15, 20, 21, 43, 137
共同の実践　3, 38, 44
近代的な関係性　68-71, 74, 75, 179
「クロスロード」（防災ゲーム）　16, 26, 53, 76, 99, 123, 180-182
景観　7, 55, 161, 163, 164
言語的／非言語的　7, 154, 167
公助　4, 20, 71, 180
「個別訓練：タイムトライアル」　99, 190
コミュニケーション　3, 11-13, 15
痕跡　7, 55, 161, 163-165, 170, 192

さ行
サイエンス・ミュージアム　129, 142, 143, 145, 169
災害史　81, 149-154, 160, 163, 170, 184
災害文化　81, 149, 158, 159
参加　3, 33-35, 37, 43, 46, 49, 129, 145

自己責任　5, 71, 180
自助　5, 20, 71, 81, 84, 86, 180
自責感　74, 81, 93-95
自然と社会　5, 6, 103, 104, 109, 111-113, 115, 117-119, 125
実践共同体　47-51, 53, 137, 139
社会の中の防災　198-201, 210, 214
周辺　47-49
宿命　7, 8, 73, 74, 173, 174, 176-182, 186, 188, 191
手記　157, 184, 185, 192
ジョイン&シェア　28, 76
小説　7, 173, 174, 189, 191, 192
情報待ち　4, 15-19, 40, 43, 84, 137
親水施設　6, 103, 104, 111, 115, 122
ストイックな交歓者　8, 197, 200, 212, 214, 216
『砂の器』　173-175, 179
生活習慣　7, 158, 160, 161
正統的周辺参加　48, 50, 136-139
　──理論　44, 47, 50, 53, 139
選択　7, 8, 73, 74, 173, 174, 176-182, 186, 190, 191
相互信頼　81, 85, 90, 91, 93
想定　1, 38, 189, 190, 199, 221
　──外　8, 49, 53, 141, 191
率先避難者　21, 22, 82, 87, 89
「その時歴史が動いた」　8, 199-201, 204

た行
ダブル・ダブル・バインド　15, 19
ダブル・バインド　3, 4, 11, 13-15, 26, 28, 75, 84, 123, 129, 199
「地上の星」　8, 197, 200, 205, 208, 209, 212
作り手／伝え手／受け手　3, 6, 75
津波てんでんこ　5, 22, 40, 81, 82, 99, 123, 159, 179
てんでんこ　83-85, 89, 93, 97, 98

225

津波避難　5, 17, 20, 21, 23, 40, 81, 82, 84, 99, 197
寺田寅彦　4, 59, 62, 64
テレビ番組　7, 8, 156, 198, 199
天譴（てんけん）論　70, 71, 204
「天災は忘れた頃にやって来る」　4, 59-61, 64, 155
『東京・地震・たんぽぽ』　176, 182, 188
都賀川災害　6, 103, 104, 109

な行
長崎大水害　61, 174
ナレッジブローカー　49, 53
南海トラフ　1, 40, 145, 175, 189, 221

は行
バウンダリーオブジェクト　53
博物館　7, 167, 169
ハザードマップ　54, 165
パラドックス（逆説）　2-6, 39, 113, 199, 221
阪神・淡路大震災　2, 42, 94, 104, 106, 107, 120, 131, 152, 161, 179, 181, 207, 214, 221
阪神大水害　106, 192
東日本大震災　2, 5, 22, 23, 39, 40, 42, 59, 61, 81, 84, 88, 136, 141, 145, 152, 161, 175, 189, 197, 207, 210, 214, 221
ヒヤリ・ハット事例　119-122

「プロジェクトX」　8, 199, 200, 205, 207, 210
「プロフェッショナル」　8, 199, 200, 212
防災教育　39, 40, 42, 116, 129, 131, 133, 137
防災マップ　3, 4, 35-37, 41, 42, 53, 54, 75
防災マニュアル　3, 4, 23, 25, 32, 42, 53, 75
防災モニター　45, 46, 139

ま行
舞子高校環境防災科　44, 46, 51, 139
マッピング　36-38
マニュアル　31-34
『真昼のプリニウス』　183, 184, 189, 191, 192
満点計画　129-131, 133, 142
　——学習プログラム　130, 131, 133, 137, 139, 143
メタ・メッセージ　4, 11-16, 24, 26, 28, 34, 113, 115, 118, 199
メッセージ　4, 11-16, 113
モニュメント　7, 55, 164, 166, 167, 192

ら行
理科離れ　140, 207
リスク　73, 74, 178, 221
　——・コミュニケーション　2, 3, 11, 16, 28, 40, 46, 104, 122, 221
　——社会　7, 27, 152, 153, 198

《著者紹介》

矢守　克也（やもり・かつや）

　　大阪大学大学院人間科学研究科博士課程単位取得退学　博士（人間科学）
　現　在　京都大学防災研究所・巨大災害研究センター教授
　　　　　同上阿武山観測所教授，同上大学院情報学研究科教授，人と防災未来センター上級研究員などを兼任
　主　著　『防災ゲームで学ぶリスク・コミュニケーション』（共著）ナカニシヤ出版，2005年
　　　　　『防災人間科学』東京大学出版会，2009年
　　　　　『アクションリサーチ』新曜社，2010年
　　　　　『復興と支援の災害心理学』（共著）福村出版，2012年
　　　　　『被災地デイズ』（共編著）弘文堂，2014年　など
　開発した防災ゲームや防災訓練手法に，「クロスロード」，「ぼうさいダック」，「個別避難訓練タイムトライアル」など

㈱ヤマハミュージックパブリッシング　　出版許諾番号　13133P
（この出版物に掲載される楽曲「地上の星」「ヘッドライト・テールライト」の出版物使用は，㈱ヤマハミュージックパブリッシングが許諾しています。）

巨大災害のリスク・コミュニケーション
——災害情報の新しいかたち——

| 2013年9月25日 | 初版第1刷発行 | 〈検印省略〉 |
| 2015年3月30日 | 初版第2刷発行 | |

定価はカバーに
表示しています

著　者　　矢　守　克　也
発行者　　杉　田　啓　三
印刷者　　坂　本　喜　杏

発行所　株式会社　ミネルヴァ書房
607-8494　京都市山科区日ノ岡堤谷町1
電話代表　(075) 581-5191
振替口座　01020-0-8076

© 矢守克也, 2013　　富山房インターナショナル・兼文堂

ISBN 978-4-623-06715-2
Printed in Japan

検証 東日本大震災
―――関西大学社会安全学部 編　Ａ５判　328頁　本体3800円

山積する課題解決のための検証と大災害からの復興への視座を提示。

東日本大震災と社会学――大災害を生み出した社会
―――田中重好・舩橋晴俊・正村俊之 編著　Ａ５判　364頁　本体6000円

私たちにはどのような問いが突きつけられ，それにどのように答えようとしているのか。

東日本大震災とNPO・ボランティア
――市民の力はいかにして立ち現れたか
―――桜井政成 編著　Ａ５判　232頁　本体2800円

NPO・ボランティアを取り巻く状況を紹介し，包括的な考察を試みる。

震災復興が問いかける子どもたちのしあわせ
――地域の再生と学校ソーシャルワーク
―――鈴木庸裕 編著　四六判　216頁　本体2400円

教育と福祉をつなぐソーシャルワークの取り組みから得られた実践や論理とは。

発達　第128号
―――Ｂ５判　120頁　本体1200円

特集　震災の中で生きる子ども（Ⅰ　被災地で生きる人の視点から／Ⅱ　何ができるか）

発達　第133号
―――Ｂ５判　120頁　本体1200円

特集　震災の後を生きる子ども（Ⅰ　あらためて振り返る震災後の子どもの生活／Ⅱ　保育にできること――被災地の保育所・幼稚園から）

社会政策　第４巻第３号（通巻第13号）
―――社会政策学会 編　Ｂ５判　188頁　本体2500円

特集１　福島原発震災と地域社会　特集２　震災・災害と社会政策

――― ミネルヴァ書房 ―――

http://www.minervashobo.co.jp/